"十四五"普通高等教育本科部委级规划教材

纺织品图案设计与应用

陆秋澄　王小萌　编著

中国纺织出版社有限公司

内 容 提 要

本书针对纺织品图案设计理论与实践而撰写。书中概述了纺织品图案相关内容、纺织品图案的题材和风格，详细讲解了纺织品图案设计的方法、色彩搭配法则、图案的表现技法，以及纺织品生产涉及的工艺门类、纺织品的设计思维与实践过程、纺织品设计师的职业素养，并提供了大量优秀的设计案例。

本书图文并茂，内容易于消化、理解，可以为读者更快地了解、掌握纺织品图案设计提供有力帮助。本书既可作为纺织品设计专业学生的学习参考用书，也可供其他设计爱好者学习参考。

图书在版编目（CIP）数据

纺织品图案设计与应用 / 陆秋澄，王小萌编著.--北京：中国纺织出版社有限公司，2024.8
"十四五"普通高等教育本科部委级规划教材
ISBN 978-7-5229-1687-3

Ⅰ. ①纺… Ⅱ. ①陆… ②王… Ⅲ. ①纺织品－图案设计－高等学校－教材 Ⅳ. ①TS194.1

中国国家版本馆 CIP 数据核字（2024）第 075782 号

责任编辑：张艺伟　张晓芳　　特约编辑：刘清帅
责任校对：寇晨晨　　责任印制：王艳丽

中国纺织出版社有限公司出版发行
地址：北京市朝阳区百子湾东里A407号楼　邮政编码：100124
销售电话：010—67004422　传真：010—87155801
http://www.c-textilep.com
中国纺织出版社天猫旗舰店
官方微博 http://weibo.com/2119887771
北京通天印刷有限责任公司印刷　各地新华书店经销
2024年8月第1版第1次印刷
开本：787×1092　1/16　印张：10
字数：250千字　定价：79.00元

前　言

纺织品图案与人类的关系渊源已久，历经数千年的发展与代代相传，纺织品图案不断创新，逐渐衍化出不同风格、具有不同时代烙印的作品。在消费不断迭代升级的当下，纺织品图案的设计不仅肩负时代赋予的使命，还面临新时代的新要求，纺织品图案的设计与生产也受到工艺条件的制约。基于此，本书注重理论与实践相结合，在对纺织品图案设计的基本理论知识、基本方法技法和基本工艺特点进行系统阐述的同时，着重解决如何将艺术与技术相融合的问题。在课程导向上，落实立德树人根本任务，通过大量以中国传统文化、东方美学元素为主题的创新实践案例，将课程思政融入教学，从而培育专业知识和人文素养兼具的高质量人才。

本书由苏州城市学院设计与艺术学院资助。在编写与出版过程中，苏州城市学院的领导、中国纺织出版社有限公司的编辑始终给予大力支持与帮助，在此表示崇高的敬意与由衷的感谢。本书共九章，涵盖习题册合计30.1万字，由陆秋澄统筹编写，王小萌协助校对、制图等。苏州城市学院学生夏林芊、徐文怡、廖素萍、周楠和李佳欣参与相关工作。在此，对所有参与人员表示感谢。本书的编写参阅引用了部分国内外发表的相关资料及图片，在此向相关作者表示最诚挚的谢意。

本书编写过程中阅读了大量前辈编撰的相关著作，借用了苏州城市学院产品设计专业学生创作的作品作为案例，并得到了多位前辈和同仁的指导，在此一并深表谢意。由于时间仓促及水平有限，内容方面还存在不足之处，在此请相关专家、学者等提出宝贵意见，以便修改。

陆秋澄

2024年1月

教学内容及课时安排

章（课时）	节	课程内容
第一章 （12课时）	●	纺织品图案设计概述
	一	纺织品图案的概念
	二	纺织品图案设计的历史简述
	三	纺织品图案的分类
	四	纺织品图案设计的意义
第二章 （12课时）	●	纺织品图案设计的题材与风格
	一	纺织品图案设计的常见题材
	二	纺织品图案设计的典型风格
第三章 （12课时）	●	纺织品图案的设计方法
	一	纺织品图案的构图类型与特点
	二	纺织品图案的构成与形式美法则
	三	纺织品图案设计的创意思维模式
	四	纺织品图案设计的规格与接版
第四章 （12课时）	●	纺织品图案的色彩搭配
	一	色彩的概念及色彩搭配
	二	纺织品图案色彩设计的心理学原理
	三	纺织品图案色彩设计中主色调的应用
	四	纺织品图案色彩设计中流行色的应用
第五章 （12课时）	●	纺织品图案的表现技法
	一	常用技法
	二	特种技法
第六章 （12课时）	●	纺织品图案设计与现代纺织工艺
	一	印花工艺与图案设计
	二	提花工艺与图案设计
	三	绣花工艺与图案设计
	四	织花工艺与图案设计

续表

章（课时）	节	课程内容
第七章 （24 课时）	●	纺织品设计与实践
	一	制定工作简报
	二	寻找灵感，发散思维
	三	主题调研
	四	灵感翻译
	五	元素排列与组合
	六	效果图与制作产出
	七	制作作品集
第八章 （12 课时）	●	纺织品图案设计师的职业素养
	一	纺织品图案设计师职业概述
	二	纺织品图案设计师的行业要求
	三	行业优秀设计师介绍及案例分析
第九章 （4 课时）	●	纺织品图案设计作品赏析

注　各院校可根据本校的教学特色和教学计划对课程时数进行调整。

目 录

第一章 纺织品图案设计概述

课题名称：纺织品图案设计概述

课题内容：1. 纺织品图案的概念

2. 纺织品图案设计的历史简述

3. 纺织品图案的分类

4. 纺织品图案设计的意义

课题时间：12课时

教学目的：主要阐述纺织品图案的基本概念、历史演变，以及纺织品图案设计的分类和意义，使学生了解纺织品图案的含义、历史与文化特征，提升学生的认知能力。

教学方式：理论教学

教学要求：1. 使学生了解纺织品图案的概念与界定。

2. 使学生理解纺织品图案的历史发展脉络。

3. 使学生掌握纺织品图案的类别与特点。

4. 使学生对纺织品图案有整体把握，为后续课程讲授做好铺垫。

第一节 纺织品图案的概念

一、纺织品的概念

纺织品是用棉、麻、丝、毛等纺织纤维经过加工织造而成的产品，按照用途可以分为衣着用纺织品、装饰用纺织品和工业用纺织品三大类。

衣着用纺织品主要包括服装面料、领衬、里衬、松紧带、缝纫线等。衣着用纺织品必须具备实用、舒适、卫生、美观等基本功能。根据气候环境的特殊情况，有时要求具有特殊功能，以保护人体的安全和健康。装饰用纺织品分为室内用品、床上用品和户外用品，室内用品包括地毯、沙发套、窗帘、毛巾、茶巾、台布、手帕等，床上用品包括床罩、床单、被套、毛毯、毛巾被、枕芯、被芯、枕套等，户外用品包括人造草坪等。工业用纺织品使用范围广，品种很多，常见的有棚盖布、过滤布、筛网、路基布等。

本书的范围主要涵盖衣着用纺织品和装饰用纺织品中的室内用品、床上用品等。

二、纺织品图案的概念

《辞海》对“图案”的解释是有装饰意味的花纹或图形，以结构整齐、匀称、能调和为特点，多用在纺织品、工艺美术品和建筑物上。纺织品图案作为图案的一个分支或门类，除具有“图案”的共性外，还有它自身的特殊性。纺织品图案指通过设计在纺织品上呈现出的具有独创性、美观性且符合生产工艺要求和市场流行趋势的图形、色彩与肌理，是通过染、织、印、绣等工艺实现在纺织品上的某种形态。传统的纺织品不仅受工艺的制约，而且图案的刻画往往也注重整洁和装饰感。

随着科技的进步，图案多元多变的表现已成为可能。在强调以人为本、产品个性化的今天，每一件纺织品的设计都与其功能、风格、材质、工艺和文化内涵有关，图案在内容、形态、色彩、风格等方面趋于多样化。可以说，纺织品是图案的优良载体，又因图案而获得艺术水平的提升，从而赋予服饰与家居用品更多的文化内涵和更高的审美品位。

第二节 纺织品图案设计的历史简述

一、中国古代纺织品图案设计的历史简述

据史料记载，春秋战国时期出现了镂空版印花技术、凸版印花技术。在湖北江陵出土

的战国晚期丝织品中，蟠龙飞凤纹、龙凤相蟠纹和龙凤虎纹已经非常精美了。发展到西汉时期，印花技术更加成熟，在长沙马王堆出土的西汉实物中，有印花敷彩纱和金银色印花纱，上面附着的藤蔓底纹线条流畅，细节处如花、叶、蓓蕾等都刻画得细致入微。

秦汉时期，染织工艺有了进一步的发展，西南地区的少数民族用蜡染工艺制作被褥等家居用品，这一工艺随后被逐渐推广到全国。在出土于新疆民丰东汉墓的“蓝白印花布”上，有精美的圆圈、三角格子、圆点、方块等图案纹样。出土的十六国与北朝时期的实物中，有运用夹缬工艺制作的织物，这些织物纹样十分丰富，有小簇花、蝴蝶、腊梅、海棠等不同图案。

隋唐时期，印染业的发展十分繁荣，工艺种类有夹缬、蜡缬、绞缬、拓印、碱印等，一般用于服饰和家居面料的制作。现收藏在日本正仓院的唐代屏风，运用夹缬、蜡染工艺生动刻画了山水、树木、象、羊、鸟、鹿等不同图案，在实用的基础上增添了艺术气息。据光绪《嘉定县志》中的描绘，始于宋嘉泰年间的织物印花“出安亭，宋嘉泰中，妇姓始为之，以灰药布染青，俟干拭去，青白成文，有山水楼台人物花果鸟兽诸象”。这描述的是蓝印花布的制作与样式，这种被称为“药斑布”的织物由青、白两色组成，通常作为被单和蚊帐的面料。在使用范围上，还常见于桌围、门帘、被面等家居用品，图案一般为寓意吉祥的花草、鸟蝶、人物、文字等，其中较为著名的是“双喜百子图”被面（图1-1），采用夹缬工艺制成，在浙南地区流传较广。除此之外，这一时期的织锦花纹较此前更为丰富，织物组织逐渐由斜纹演变出缎纹，三原组织逐渐完整。

图1-1　“双喜百子图”被面

宋代，随着朝廷相关管理体制的完善，纺织品的花纹和色彩绚丽而繁多，牡丹图案从这一时期开始流行。当时牡丹的样式有两百多种，其组织方式打破了过去对称的结构形式，在织锦图案上多采用穿枝牡丹和西番莲的形式。

明清时期，纺织印染手工作坊增多，印染工艺更为先进，镂空版印花技术继续保留，同时又发展了刷印印花工艺，生产效率大幅提高。这一时期较为出名的纺织品图案是北京定陵博物馆保存的明代刺绣百子图（图1-2），其中刻画的百子游戏形态万千，生动活泼。这一时期的方形绸绣纹枕顶的图案也非常丰富，有植物、鸟兽、仙道人物、器具字符等寄托了美好祝福的纹样，独具特色。

图1-2　洒线绣蹙金龙百子戏女夹衣复制品

在古代，中国少数民族的人们也创造了大量丰富的图样，如土家族的“西兰卡普”织锦花被（图1-3、图1-4）、苗族花鸟纹蜡染被面、侗族挑花纹帐檐以及纹样写实而粗犷的藏族坐毯等并传承至今。

图1-3　西兰卡普——称勾纹

图1-4　西兰卡普——桶盖纹

二、外国纺织品图案设计的历史简述

据考证，历史上最古老的纺织品是安第斯山脉洞窟中发现的纺织品残片（公元前8600~公元前5780年）。在出土的古埃及麻织物（公元前1420~公元前1412年）中，已出现工艺精美的莲花、纸莎草花、涡卷纹等织锦图案。现存古希腊织物中（公元前322~公元前30年）的图案更加精美，有妇女头像、鱼纹和较为写实生动的游水鸭群等。

公元4世纪，在古埃及初期的基督美术和装饰美术的影响下，逐渐形成了独特的装饰风格——科普特样式。这种风格的图案通常具有线条简洁、几何图形明显、颜色鲜艳等特点，具体运用在织物上，品类较为丰富，有几何纹、编带纹、神话人物纹、田园生活纹、亚历山大大帝像等题材，整体风格偏向于自然和写实主义。

强盛于15世纪的印加文明由南美洲古代印第安人建立，这一时期的图案主要用于传达宗教或者信仰寓意，纺织品作为载体，上面出现被人们崇拜的神鹰、猎豹、美洲狮等动物纹，以及有再生、复活和循环等寓意的三角形纹、锯齿纹、阶梯纹等。这一时期人们也多将人物形象作为纺织品的图案，如神、皇帝、士兵等，通常用于装饰宫廷内部的纺织品（图1-5）。

图1-5　印加文明中常用的图案形式

636~641年，作为当时的丝绸工业中心的古都伊斯坦布尔，其纺织图案与波斯萨珊王朝时期类似，都出现了狩猎纹、双狮纹、鹭纹、骑士纹、连珠纹、编带纹、桃心纹等纹样。这一时期的纹样构图均衡，满花图案较为常见，体现了当时西方人“填补空间”的造型观，即利用物体、线条、几何形状等元素填补空间的余白，从而创造出一种视觉上的平衡与和谐。

据1189年的史书记载，“西西里丝绸有用1~3色线织造的轻薄丝绸，也有用6种色丝织出的厚重丝绸。蔷薇色丝绸，像火焰那样使人眼花缭乱；绿色纹织丝绸，织出许多圆形纹样，使人赏心悦目”。这段文字反映了西西里伊斯兰织物的样貌与款式。西西里丝绸在图案设计上通常以植物、动物和几何花纹为主题，色彩鲜艳、细腻、绚丽，其中以百合花、柑橘果实为主题的图案最为常见。这些图案一般采用丝线和金线织成，主要用于成衣、饰品和家饰的制作。

13~15世纪，哥特风盛行，其特点是突出几何形态和优美的线条感。13世纪初，以卢卡为中心的意大利织布坊，将中国的吉祥图案如麒麟、凤凰、龙，以及印度的独角兽、狮子、驯鹿、孔雀、植物等题材，组合成别具一格的东方丝绸图案。发展到14世纪，卢卡仿制中国的丝绸，将中国题材的莲花纹样改为蔓草纹样，将凤凰、仙鹤、麒麟、鹿、羚羊等图案变成鹰、天鹅、狗、豹等图案，更符合当时欧洲人的审美和欣赏习惯。

16~17世纪，被称为“热那亚式”的意大利天鹅绒常用于贵族服饰，图案主要有花朵、叶子、藤蔓等植物纹样，以及动物、人物、故事情节等图案。这些图案通过镀金线、银线或丝线精心绣制而成，使天鹅绒面料更加华丽精致，营造出高贵典雅的风格。此外，图案中的颜色往往也较为鲜艳，有深红色、蓝色、绿色等多种颜色，这些鲜艳的色彩成为16世纪意大

图1-6　17世纪蕾丝小方巾头饰

利天鹅绒的重要特征之一。

17世纪流行的欧洲巴洛克风格纺织品上出现了许多精美绝伦的图案，如自然花卉、花环、果实、奇特贝壳等由流畅圆滑的曲线构成的独具特色的图案。这一时期的纺织品注重装饰效果，花样繁多，富于变化。17世纪，蕾丝图案（图1-6）也较为流行，是欧洲贵族社会的一种时尚，无论是在服饰还是家居装饰方面，运用都很广泛。随着时间的延续，蕾丝图案从最初传统的几何纹、花草果实纹逐步衍生出更广泛的具象纹样，如植物、风景和抽象几何纹等。18世纪流行的洛可可风格染织艺术，图案多由贝壳、山石、藤蔓、蔷薇、丝带，以及中国风格的图案，如亭台楼阁、秋千仕女等场景，还有工笔花鸟画、扇子、屏风、青铜器、龙、凤、狮子等构成，体现了欧洲人对东方的向往和审美观的认同，被广泛地运用于壁布等织物图案设计中。

19世纪中期到20世纪初期，以英国的"维多利亚印花棉布"最为著名，其图案崇尚自然，采用唐草边饰印花图案——以密集的小花丛纹结合边饰印有的唐草纹连续排列，用于窗帘的下垂部分装饰。在19世纪下半叶的工艺美术运动时期，最具特色的纺织品图案设计当属"莫里斯图案"。莫里斯不仅是工艺美术运动的发起者，而且亲自投入设计实践，从事图稿绘制工作。他主张"艺术家应向自然学习"，20余年间创作了大量的室内壁纸和印花面料作品，图案由植物的花朵、叶子、藤蔓与鸟纹等构成，清新的自然主义风格使莫里斯图案成为欧洲广泛流行的经典图案。因此，这一时期的装饰图案也大多从自然界中汲取设计灵感，如田园景色中的鸟类，百合花、金银花、茉莉花、雏菊等自然花卉以及流动的叶片等。艺术家运用这些母题元素设计了大量的壁纸图案，应用于家具、灯具甚至建筑。

新艺术运动时期，纺织品图案的设计风格延续了莫里斯图案的风格，通常采用自然和流动的曲线组成复杂而华丽的图案（图1-7、图1-8）。这种风格的纺织品图案包括花卉和其他自然元素，以及鸟类和其他动物等，用明亮的颜色和富有装饰意味的线条勾勒出鲜明的形象。纺织品图案在这一时期被广泛使用，融入了人们的日常生活，包括服饰、床单、窗帘和其他家居用品。这种风格的纺织品图案不仅具有装饰性，而且呈现了当时艺术家的美学观点和设计哲学。

装饰艺术运动时期的纺织品图案设计风格比新艺术运动时期更为简洁化、几何化和现代化。这些图案通常以几何形状和现代化的线条为基础，运用色块和简洁的形式，不仅强调几何轮廓和形态，而且强调形式的结构性和纯粹性。这种风格的纺织品图案也体现了当时人们重视功能性、实用性的观念。装饰艺术运动时期的纺织品图案包括各种简约而充满现代感的几何图案，如方格、三角形和梯形等，图案的颜色也和设计主题紧密相关。这种风格的纺织品图案被广泛应用于装饰、服装、室内布置和其他家居用品的设计中，成为这一时期重要的设计元素。

图1-7　穆夏作品《黄道十二宫》

图1-8　新艺术运动时期纺织品图案

现代主义设计运动和装饰艺术运动几乎同时发生和发展。这一时期的装饰图案大多是欧美设计师追求"现代化"和"优良"而大批量设计的产物，设计师们对速度、太空旅行、科学技术、分子结构以及一些发明创造（如电视机）非常迷恋，并且运用一些曲线作为抽象母题形态，而这些曲线看上去好像飘浮在迷蒙的空中，充满神秘感（图1-9）。

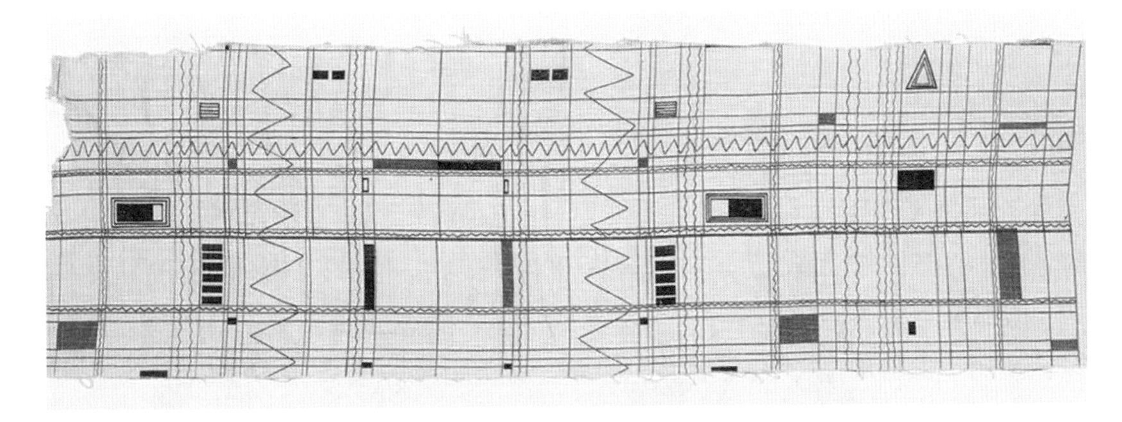

图1-9　Ruth Adler Schnee 纺织品图案设计作品*Construction*

后现代主义时期的纺织品装饰图案是一种兼具多样性和包容性的设计风格，强调反传统和独特性。在这种设计风格中，可以看到各种主题、文化和风格的融合，强调夸张的图案和颜色对比，同时强调设计的创新性和个性化。这一时期出现了波普艺术、宇宙风格、新媒体艺术等多种风格的纺织品图案，多数图案在设计元素的选择上受波普艺术影响较大，出现了抽象的、拼贴形式的主题元素，同时，受当时新技术、新发明的影响而形成的宇宙风格，出现了大量太空题材的装饰图案，还有反映真实客观事物的照片形式的元素表现。后现代主义风格的纺织品图案被广泛应用在现代装饰、家居用品和服装等领域，带来了新的艺术和设计趋势，成为当代设计的一种重要元素。

第三节　纺织品图案的分类

一、按造型分类

（一）具象图案

具象图案是指能够直接表示事物、人物、自然景物等真实存在的物象的艺术图案。具象图案可以通过绘画、雕刻、刺绣、拼贴、摄影等多种手段呈现，具体形式可以是平面的或立体的、彩色的或灰度的、静态的或动态的等。常见的具象图案包括人物肖像、风景画、动物、建筑物等。

在纺织品中运用具象图案较为常见，且形式丰富。常见的纺织品具象图案有花果草木、鸟兽鱼虫、山川景色、园林风光等，这些经过设计师处理的具象图案，既保留着原有物象的基本特征，又比其自然形态更典型。其中，爱马仕（Hermès）的方巾图案最具代表性（图1-10、图1-11）。

图1-10　爱马仕方巾图案1

图1-11　爱马仕方巾图案2

（二）抽象图案

抽象是指从众多的事物中抽取出共同的、本质的特征，而舍弃其非本质特征的过程。抽象图案是指任何对真实自然物象的予以简化描绘或完全抽离的图案，它的美感与内容借由形体、线条、色彩的形式组合或结构来表现。有些抽象图案的主题是真实存在的，但有些是因风格化、模糊化、重叠覆盖或分解而成的基本形式，难以辨认物象原貌（图1-12）。

从形态上来理解，几何是将具象图案抽象到极致的结果。几何图案是以几何形态为视觉主体造型，按照一定的原则组织成具有美感的和视觉效果强烈、简洁、严谨、含蓄的视觉形式。数千年来，几何图案一直在变化发展，其骨架、构成形式、色彩表现常呈周期性流行，虽然出现周而复始的现象，但都渗透着时代的气息。在现代纺织品设计中，几何图案的造型以强烈、简洁、明快的风格占主导地位，表现手法以豪放、粗犷、明快为主调，其形式主要包括三大类型：①直线几何形，以直线、斜线、射线、多角形、多边形等为内容的几何形；②曲线几何形，以圆、弧、曲线为内容的几何形；③组合几何形，既有直线又有曲线成分的混合形。

图1-12　玛莉美歌（Marimekko）2023春夏系列

二、按功能分类

（一）服饰图案

在众多服饰的起源说中，“装饰说”认为，爱美是人类与生俱来的能力，在满足祭祀和生活需要的同时，人类很早就开始用羽毛、贝壳和果核等物品来装饰身体、美化自己。随着人类的进步、生产技术的提高，人类的装饰手段越来越多样化和富有美感，在人类最初的许多日常用品中看到的图案实例，印证了图案是重要装饰手段，与服饰有着密不可分的关系。可以说，服饰图案是伴随着社会的进步发展起来的，在服饰图案演进至完美成熟的漫长过程中，我们看到了人类历史的进程。

服饰图案主要有衣装图案、裤装图案、裙装图案等，受服装的功能、风格、款式、工艺、材料以及穿着者的民族、习惯、年龄、性别等各种因素的影响，图案风格迥异。服饰图案的组合多样、颜色丰富，在工艺上可以通过数字印花、碳素印花提花等方式进行加工。不同的服饰图案可以传达不同的文化和情感，凸显不同的风格，作为时尚和设计领域中一个重要元素，服饰图案为服装品牌和品牌设计师提供了广泛的选择（图1-13、图1-14）。

图1-13　莫斯奇诺（Moschino）刺绣贴布毛衫

图1-14　渡边淳弥（Junya Watanabe）提花毛衫

（二）家用纺织品图案

家用纺织品图案，简称家纺图案，它包含了家居中一切纺织品的图案设计，主要有床单、被套、床罩、枕套、毯类等床上用品图案设计；窗帘、墙布、地毯、门帘、沙发套、桌布等家居用品装饰图案设计；毛巾、浴帘等盥洗室用品装饰图案设计。

家纺图案历史久远，图案内容包罗万象，图案的形式和工艺丰富多样，兼具实用性和审美性双重特性，是人类热爱生活和精神追求的体现。每一款家纺产品的图案设计都与产品的功能、款式、材料、工艺以及社会文化、审美习俗、时尚流行、消费对象等因素紧密关联。

常见的家纺图案：①格纹，包括大格、小格、斜纹等，尤其在布艺装饰品中使用较多；

②花朵纹，花朵图案非常普遍，包含各种不同种类、颜色和大小的花朵，如玫瑰花、菊花等；③动物纹，动物图案在儿童家居用品中较为常见，如印在毛毯和床单上的小熊、小鸟等；④圆点纹，简单而有趣的圆点图案在一些现代风格被褥和窗帘中很常见；⑤条纹，直条、斜条、交错条等各种样式都可以出现在床单、桌布等纺织品上；⑥几何纹，多种形状和线条构成的几何图案在现代风格的家居装饰品中非常常见。以上图案可以组合使用，也可以单独运用，用来增强家居纺织品的装饰效果（图1–15~图1–17）。

图1–15　野兽派“蟠桃盛宴”家居系列

图1–16　布瓦拉（Bruksvara）床上用品

图1–17　芙雷特（.Frette）床上用品

三、按工艺分类

（一）提花图案

图1-18　柿红盘绦朵花宋锦

提花是通过机器进行经纬组织或颜色交织变换来形成纺织品图案的工艺。提花图案通常复杂且精美，能够产生很好的装饰效果。经过几千年的文化传承和技术沉淀，提花的织造工具从传统木织机逐渐演变成现代数码织机。随着科技的发展，提花图案也愈加丰富，目前被广泛应用于高档服饰和家纺装饰类产品。提花在中国具有悠久的历史，自汉代起就能织造出精美华丽的云气纹、动物纹以及文字等图案。宋代以后，随着提花工艺的进步，纬线起花的提花织物层出不穷，以蜀锦、宋锦（图1-18）、云锦为代表，提花图案的造型和色彩均达到了极高的艺术水准。到了近现代，又发展出各种民间色织条纹图案和都锦生织锦的像景织物图案，还有全国各地丰富的民族织锦图案，构成了中国纺织品图案宝库。

从古代织锦的手工制作到现代提花织物的数码化生产流程，提花图案的艺术风格与提花织物生产技术的进步密不可分，发挥了从艺术创意层面助推提花织物设计创新的作用。现代提花图案更加强调造型与材料、织物组织的创新结合，追求肌理丰富的图案样式，以适应更广泛的纺织品图案设计需求。

（二）印花图案

图1-19　卡地亚（Cartier）印花丝巾图案

印花是将色浆或染料通过印或染的手法作用在织物上形成图案的工艺（图1-19）。印花图案可以使用各种不同的技术和工具来制作，如手工刻板印刷、数字印刷、丝网印刷、热转印等，具有经济、便捷高效、方便洗涤等特点，是生产批量图案面料时最为常见的工艺。印花图案可以是简单的几何图形、文字或其他图形，也可以是复杂的图案、图像或插图，主要包括丝网印花、滚筒印花、转移印花、数码喷墨印花等不同种类，其图案造型自由逼真、色彩艳丽，可以较直观地再现设计师的图案创作。印花图案涉及图案创作的连续与接头，保证图案的整体连贯性是图案设计师必备的功底，如今计算机软件提供了很大的便利，手绘与计算机技术的结合，是设计师采用最多的图案设计方式。

印花图案在纺织品设计中占有重要地位，被广泛地运用于服装、方巾等服饰面料以及床品、墙纸、窗帘等家居装饰面料中。现代数码喷墨印花工艺改变了传统印花图案设计受套色成本制约的状况，使图案的表现更为自由，而且从设计稿到成品方便快捷，是打样与设计师进行小型设计制作的极佳工艺选择。目前，国内许多专业设计院校学生的毕业设计作品也多采用此方式来完成。

（三）绣花图案

绣花图案是指用线、布等材料制作出来的图案，通常用于装饰衣物、饰品、家居用品等。绣花即刺绣，主要涵盖手工绣和机绣两种。手工绣的针法丰富、品类繁多，有平针绣、错针绣、乱针绣、网绣、锁绣、盘金绣、打籽绣、补绣、挑花绣等，每一种针法的肌理效果都独具特色，通常根据需求运用在画面的不同结构中。在中国古代，刺绣产品广受人们的欢迎。宋代，刺绣装饰开始在民间流行，刺绣产品越来越广泛地出现在人们的生活中，朝廷还为此设立了文绣院。发展到明代，刺绣已经成为一种极具表现力的创作手法，并产生了苏、粤、湘、蜀四大名绣（图1-20）。传统手工刺绣虽然细腻灵动，但是成本高昂且产出较慢。随着科技的进步，电脑机绣应运而生，虽然在速度上弥补了传统手工刺绣的不足，但是画面的灵动性要弱于传统手工刺绣。为了确保手工绣的艺术性，同时追求效益与产量，机绣图案结合手工钉珠等方法已成为有效的工艺手段，更多地出现在靠垫等家居饰品中。

图1-20　苏绣国家级传承人姚建萍刺绣作品《柿柿如意》

第四节　纺织品图案设计的意义

纺织品图案设计在纺织品设计中非常重要，因为它可以为服装、家居用品和其他纺织品带来个性化的风格和品位，具有强烈的装饰功能。英国乌尔斯特大学设计荣誉教授大卫·布莱特（David Brett）在《装饰新思维》一书中论述："我开始明白装饰的目的——装饰为了完整。通过装饰，建筑、物品和人工制品更为显眼，更具完整感，也更容易让人们凝神定视，从而使它们臻于完美；通过装饰，建筑、物品和人工制品可以转化为我们各种尝试和观念的符号与象征，完备其社会功能；通过装饰，建筑、物品和人工制品能够吸引我们视线的停顿和双手的触摸，完备其愉悦功能；通过装饰，建筑、物品和人工制品将令人难以忘怀，完备其思维功能。总而言之，装饰，在完整我们这个世界的同时，也使生活在这个世界中的人充实完整起来。"从中可以充分感觉到图案作为装饰手段对于产品的重要意义。

纺织品图案设计的意义可以归纳为以下几个方面。

一、表达个性

图案在造型的表象下蕴含着审美取向与文化内涵，伴随着人类发展的历史，充斥于人类的"衣""住"中，无论是多么偏僻的地区，都有着各种各样的纺织品图案。图案不仅使纺织产品具有超越实用功能的美，也是体现设计师个性、区别各民族差异以及构成时代标记的重要因素，更是表现和论证纺织产品的审美与文化的重要因素。通过不同的图案设计和色彩搭配，设计师可以创造出独特的纺织产品，从而传达个性，吸引不同的消费群体。

二、提高产品价值

好的纺织品图案设计可以提高产品的价值，增强产品的市场竞争力。设计师可以通过设计创意、色彩和图案的组合，创造出更具艺术感和高端感的产品，从而提高产品的附加值。纺织品图案的造型作为设计的一个重要元素，好像一部机器的零件，是整个图案设计的有机组成部分。纺织品图案造型的选择和表现，需要考虑其艺术表达形式，如结构合理与否，造型本身的主次、大小、粗细等，对比的处理是否协调，与造型有密切关系的技法处理和色彩配置是否适宜，经过组合排列以后的效果是否统一协调等。通过多元化的构思和巧妙的搭配，能够赋予产品耳目一新的感觉和更高的价值。

三、引领时尚潮流

图案的形与色以及工艺手段都极大程度地彰显着它的个性与作用，图案以形与色的搭配迎合和满足消费者的心理需求，营造出各种时尚文化的视觉样式，成为时代标记的重要体现。现在，国际纺织权威机构在每一季都会制订纺织品图案流行的指导方案，纺织品图案塑造和强化了服饰与家居文化的内涵和个性，图案也因此以不可替代的功能和意义，成为服饰与家居文化中时尚与流行的重要构成因素。可以说，纺织品图案有着其他任何造型元素都不可替代的功能和作用，是时尚舞台中永远的流行元素。好的设计方案可以引领时尚潮流，设计师通过把握市场趋势和时尚元素并将其融入自己的设计，可以创造出符合市场需求的时尚产品。

四、增强消费者购买欲望

好的纺织品图案设计能够增强消费者的购买欲望，从而促进销售。设计不仅能够提高产品的视觉吸引力，将图案设计艺术融入纺织品设计过程中，还能有效提升产品价值，为产品增色。通过针对性的设计，能够让产品更加引发消费者共鸣，从而增强消费者的购买欲望，进一步提升销售额。

【思考与练习】

1. 简述纺织品图案的概念和类别特点。
2. 纺织品图案按照工艺分有哪些类型？
3. 简述纺织品图案设计的意义。

第二章 纺织品图案设计的题材与风格

课题名称： 纺织品图案设计的题材与风格

课题内容： 1. 纺织品图案设计的常见题材

2. 纺织品图案设计的典型风格

课题时间： 12课时

教学目的： 主要阐述纺织品图案设计中的常见题材与典型风格，使学生了解纺织品的代表性图案类型，扩充知识储备量，提升设计创造能力。

教学方式： 理论教学

教学要求： 1. 使学生了解纺织品图案的常见题材种类与特点。

2. 使学生了解民族风格、乡村风格、古典风格、现代风格图案的典型风格特征 。

3. 使学生掌握各类纺织品图案的形式内涵与流行成因。

4. 使学生能够基于常见题材与典型风格进行图案创新。

第一节 纺织品图案设计的常见题材

图案是一种视觉表现形式，是人类社会最悠久的艺术形式，其设计灵感源于人类长期生活的探索和实践，与人类的生活息息相关，蕴含着生活的哲理，是从大自然中提炼的艺术形象。自古以来，图案便承载着几千年先民留给人们的宝贵财富，丰富多彩的图案题材正是纺织品图案设计的来源。

纺织品图案体现在人们生活的方方面面，涵盖了人类的“衣、食、住、行”，大致包括植物图案、动物图案、人物图案、风景图案、几何图案等类型。

一、植物图案

植物图案是指以植物为主题的图案，包括植物的形状、颜色、纹理和花朵、叶子、枝干等元素。植物图案在纺织品图案设计中是最常见、应用最广的一种题材，无论是在家纺面料还是服装面料上，都能看到造型优美的植物花草、瓜果蔬菜等元素（图2-1、图2-2）。植物题材的装饰手法丰富多样，以其中的花卉图案为例，不仅能够通过设计创造的方法表现不同风格，而且有些花卉图案本身就具有代表性，传达特定时代的文化或者风格，如威廉·莫里斯（William Morris）设计的花卉就具有维多利亚时代晚期的风格以及工艺美术时期的风格。此外，植物不仅可以表达自然美感，还具有极强的象征意义，可以用来表现季节和气候，如春天的花朵、夏天的绿叶、秋天的枫叶等。

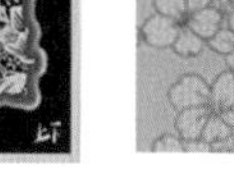

图2-1 上下（SHANG XIA）丝巾

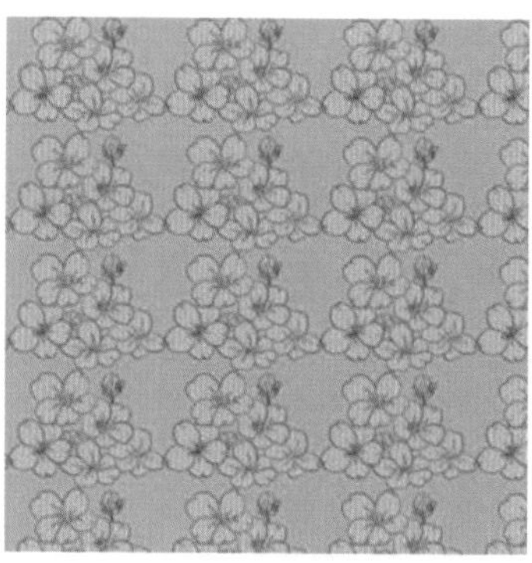

图2-2 学生作品1

对于一名设计师来说，植物图案可以表现大多数样式和设计主题，无论是细腻含蓄还是大胆奔放的设计风格，都可以通过植物图案得以体现。有经验的设计师对于植物元素十分熟悉，不仅可以设计出具有年代感的图案，而且能设计出时尚的样式。此外，色彩对于植物图案风格的影响也很重要，如色相、明度和纯度对图案的外观效果都产生了直接影响。因此，对于设计师而言，有强烈风格特征的花卉元素是很好的设计点。

二、动物图案

动物图案是指以动物为主题或元素的设计图案。这些图案可以在各种物品上出现，如服装、家居装饰、艺术品、文具等。动物图案通常以各种动物的形象、轮廓、图像或细节为基础，以创造出生动有趣的视觉效果。

在动物图案中，鸟禽图案是较常出现的。鸟禽图案因羽毛的天然样式，成为最具装饰美感的对象之一。除此之外，鸟的动态结构优美明确，色彩造型要素丰富且具有变化，容易传达艺术信息也是鸟禽类图案较常出现在纺织品图案中的原因。自古以来，中国的绘画作品就常以鸟禽图案为主题。如明清时期的文官官服补子就是通过不同鸟禽图案来区分的，如仙鹤、锦鸡、孔雀、云雁、白鹇、鹭鸶、鸂鶒、鹌鹑、练鹊代表着一至九品的官位。除此之外，花与鸟蝶的搭配是较为经典的组合。静态的花和动态的鸟蝶，能够赋予图案静与动的对比，从而营造出生动浪漫的情调。中国素有以花与鸟蝶为表现题材的作品，丝绸图案的主流花色便由花与鸟蝶组合而成。历史上的宋徽宗赵佶就是一位花鸟画高手，也推动了这一时期花鸟图案的盛行。中国传统图案“喜鹊登梅花”“凤穿牡丹”等，都是用优美的造型、吉祥的寓意寄托人们美好的愿景，成为精神文化的载体（图2-3）。

图2-3　清代红缎地彩绣凤穿牡丹挂屏

昆虫图案也是动物图案中较常出现的（图2-4、图2-5）。在众多昆虫中，蜻蜓、蝴蝶、甲虫、瓢虫等具有装饰性和趣味性的昆虫是较为常用的。其中，蜻蜓的翅膀、甲虫的外形、瓢虫的斑点、蝴蝶的花纹等都是较容易体现艺术效果的元素，再结合数量、面积、方向、色彩等不同的造型元素，可以呈现出丰富多彩的艺术效果。在中国传统创作中，昆虫大多以点缀和烘托的方式作为主体来丰富画面。传统题材中的昆虫图案大多用于家纺面料和儿童用品，如今，昆虫图案会被设计师用于设计中来打造更加个性化和时尚化的纺织品。

在动物图案中，还有走兽题材，如猫、狗、虎、马等动物，都会被用于纺织品图案设计中（图2-6）。走兽题材的表现一般从动物本身的形态和性格着手，如威猛彪悍的虎豹、沉稳温顺的骆驼和牛、活泼可爱的猫和兔子等，应用时可以从造型上强调五官的刻画，或抓住动物瞬间的动态，结合外形的剪影、皮毛的卷曲线条、形体的夸张变形等呈现动物的造型特征。虽然动物图案种类繁多、复杂多变，但是可以通过分类的方式提炼不同的造型特征，如鸟禽类等卵生动物，其形体造型就在椭圆的基础上进行变化；灵长类动物的体形与人类较为相似，能直立行走，上下肢分开活动；食草类动物的形体特征大多呈线形，四肢纤细，面部咬肌发达；食肉类动物体形多呈弧形，腿短、爪大、头小。当抓取了不同动物的特征后，进行几何形分类归纳，就能塑造出能够表现细部特征的形象。

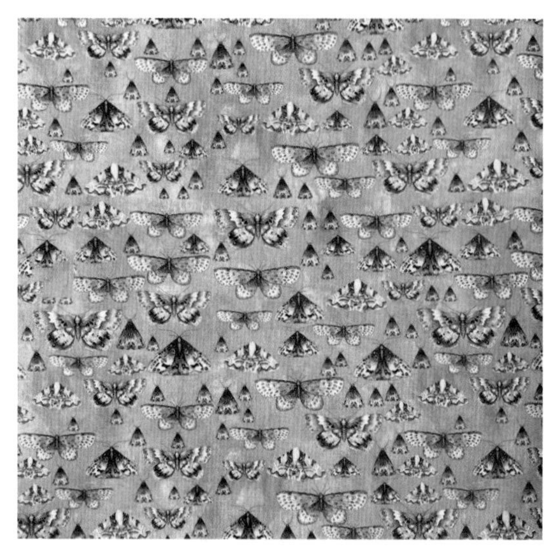

图2-4　印花棉布上的蝴蝶图案

图2-5　飞蛾锯齿图

三、人物图案

人物图案是指以人物为主题的图案设计或绘画作品（图2-7），包括各种类型的人物形象，如人物肖像、卡通人物、虚构人物、历史人物等。在各种人物形象中，结构对称、五官清晰、表情丰富的面孔更具有吸引力，不同的种族、民族、年龄、性别、职业、气质、情感等都使人物图案充满了差异和变化。肖像画一直都是各类视觉艺术传达的重要内容，而人物图案也可以基于装饰性肖像画的训练产生变化。通过归纳、夸张、变形等手法，人物形象更具典型性和装饰性。在形象刻画上，通过不同的侧重点能够塑造不同的风格，如有的以发式变化为主，有的以五官表现为主，有的以头部装饰为主，还有的以面部表情为主等。

图2-6　上下丝巾（动物图案）

图2-7　学生作品2

据记载，中国晚唐时期就有表现人物题材的童子纹样织物，到了明清晚期，印有“戏婴图”“百子图”的织品更加普遍，通过图案表达寓意，表现了人们对于子孙延绵的向往和追求。中国民间一直有把人物图案应用在枕顶、帐篷、被面等家纺用品及肚兜、荷包、衣帽等服饰上的习惯，如仕女、仙人、孩童等人物造型非常丰富。18世纪，在欧洲的染织面料中也十分流行人物图案，其中极具代表性的有法国的朱伊家居布图案（法语写作Toile de Jouy）以及欧洲的“中国风”墙布图案。除了通过面部特征传达造型特征外，还会借用其他艺术形式派生的造型样式，如借用皮影、戏曲中的人物造型来表现图案。随着现代科技的发展，数字技术为写真人物造型提供了更为时尚的表达方式，经过再设计的照片出现在时尚的T恤等服饰与家纺图案设计中，塑造了新颖的纺织品图案设计风格。

四、风景图案

风景图案是指由自然景象和建筑景象构成的图案，自然景象包括山脉、湖泊、森林、海洋、天空、大地等，建筑景象包括楼房、村舍、街道等。风景图案在艺术、设计和手工艺等领域都有广泛的应用（图2-8~图2-11）。在纺织品图案设计中，风景图案常被用于布料、窗帘、地毯等物品的印花或绣花上，为其增添自然的美感和视觉吸引力。在室内装饰中，风景图案可以作为壁纸、油画或壁毯的图案，营造出宁静、舒适的环境。此外，风景图案也常用于画册、明信片、旅游宣传品和地图等物品的设计中，以展示特定地区的景观。在数字媒体和游戏中，风景图案也是重要的元素，用于构建虚拟世界中的自然环境和背景。风景图案的风格和表现形式多种多样，可以根据具体需求和创意进行设计。一些风景图案可能更加写实和细致，力求还原自然景色的细节和色彩；还有一些风景图案可能更加抽象、简化或符号化，强调整体氛围和情感表达。总的来说，风景图案作为一种艺术元素，能够通过自然景观

图2-8　学生作品3

图2-9　学生作品4

图2-10 学生作品5

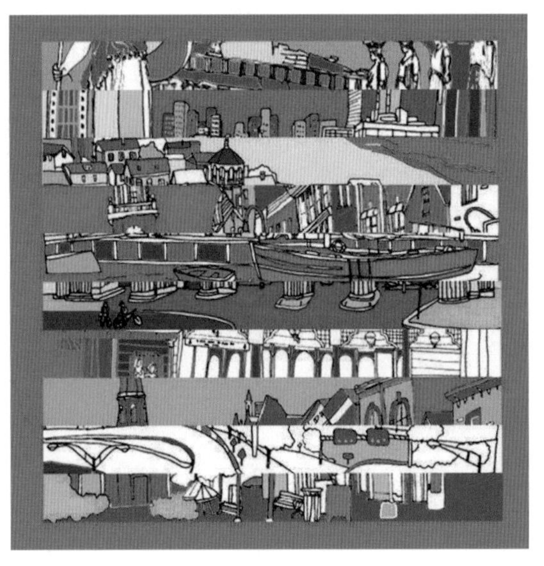

图2-11 学生作品6

传递和唤起人们的情感和联想，营造出宁静、美丽或壮观的视觉体验，它不仅可以用于装饰和美化物品，还可以激发人们对大自然的热爱和对环境保护的关注。

中国早期刺绣作品中的风景多被用来烘托花草动物，到了清代，开始出现织造风景的丝绸，多样的刺绣手法增强了风景图案的表现力，亭台楼阁、柳岸曲桥以及烘托人物的湖山景色，或者把戏曲与传说故事中的人物置于一派景色中来展现，这些图案在枕顶、帐檐等家居纺织品以及女子马面裙、上装的挽袖、荷包等服饰品中并不少见。1922年，由都锦生先生命名创办的杭州都锦生丝织厂，以风景织锦缎闻名遐迩，写实的黑白照片式风景织锦曾是20世纪50~70年代中国家居墙面最时髦的装饰品；装饰性极强的风景五彩织锦桌布与坐垫也成为当时家居中的一种装饰奢侈品，后来发展成四方连续纹样运用于服饰设计中。如今染织面料中的风景图案并不只是如花草这般频繁出现，而是更多地呈现出追求个性和新颖的视觉样式。

五、几何图案

几何图案是由几何形状和图形构成的图案设计（图2-12），它以各种几何元素，如线条、圆形、方形、三角形等为基础，通过排列、重复、旋转和变换等方式构成视觉上的重复和对称。几何图案在艺术、设计和装饰领域中都非常常见，它可以应用于各种媒介和物品，如建筑、室内设计、家居用品、纺织品、陶瓷品、珠宝等。几何图案的特点是简洁、有序和抽象，可以营造出一种现代休闲感，具有较强的视觉冲击力。几何图案的设计可以根据具体需求和创意采用不同的风格和表现形式，一些几何图案可能更注重对称性和均衡感，使用简单的几何形状和线条，营造出整齐和谐的视觉效果；其他几何图案可能更加复杂和抽象，使用多种几何元素的组合和变形，创造出独特的视觉层次感和动态感。

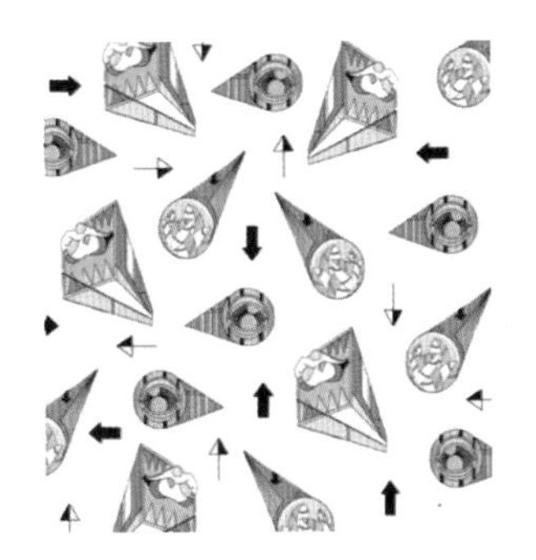

图2-12　学生作品7

格子图案是常用的几何图案，即用不同疏密的矩形组合而成的图案，是人类最古老的色织物之一，后来发展为印染纹样。人类编织技术的发明与进步造就了格子图案的艺术形式与色彩风格，使其种类繁多、风格多变。西方国家和地区有苏格兰格纹、柳条纹、乡村风格纹、千鸟格纹、棋盘格纹等图案，其中的苏格兰格纹图案被视为“一部大英帝国的历史”，体现了民族的文化内涵。20世纪70年代，中国流行起了“朝阳格”图案，这是一种白底单色直线交织而成的小方格图案，最常见的与白色搭配的色彩有红色、绿色、蓝色、黄色、紫色。格子纹可由组织结构的变化形成细密的单线小格子纹，也可由线面交织形成变化多样的格子纹，具有复古和现代的双重风格，被广泛运用于各种类型的服饰与家纺品设计中，深受各类人群的喜爱，成为纺织图案中常见的流行元素。

条纹图案也是较常出现的几何图案之一，是通过矩形的宽窄、线条、方向、色彩、疏密的变化构成的图案。条纹图案适合用机织工艺制作，在原始的手工织机上变化纬线的色彩即可获得，因此图案具有古朴的特征。条纹图案具有丰富而强烈的视觉方向感的特色，其中单色分布较宽的条纹图案简洁明快，细密多色的条纹图案活泼热烈，深底亮色的细条纹幽雅含蓄，配以丰富的材料和工艺，图案变化多样，适合不同的居室风格，被广泛地运用在各种椅面、床品等家纺设计中。在服饰图案中，中国民间具有代表性的有土布条纹和西藏的氆氇衣饰条纹图案，西方国家和地区具有代表性的有糖果条纹（Candy Stripe）、睡衣条纹（Pajama Stripe）等。条纹图案以简洁而独特的变化，适合不同的消费人群，被广泛地运用于各种针织衫、袜子、围巾以及套装等服饰设计中，现也有印花工艺的条纹面料。条纹图案也一直深受设计师的喜爱，以针织品著称的意大利设计师米索尼（Missoni）从20世纪50年代至今，用其代表性的条纹元素演绎了一个精彩的服饰图案世界。

图2-13 NQN公司的印花装饰织物

在几何图案中，通过不同的圆点组合而成的点纹图案也是较常被设计师选择使用的。点纹图案是由点构成的图案设计，它以小而离散的点为基本元素，通过重复和变化排列等方式形成视觉上的图案效果。点纹图案的设计可以根据具体需求和创意采用不同的风格和表现形式。一些点纹图案可能更注重均匀性和规律性，使用相同大小和间距的点来创建平衡和统一的视觉效果；其他点纹图案可能更加自由和多变，使用不同大小、颜色和密度的点，形成更为复杂和丰富的视觉效果。

点纹图案虽不及格子图案和条纹图案在染织面料中广泛使用，但有些也广泛流行（图2-13）。在欧洲，有一种波尔卡圆点图案（Polka，一般概念为同一大小、同一种颜色的圆点，以一定距离均匀排列），它的创作灵感来自捷克的一种民间舞曲，该曲盛行于19世纪的欧洲各地，这种节奏轻快奔放的舞曲被设计成色彩明快鲜艳、活泼跳跃的波尔卡圆点图案，曾被广泛应用于平面设计和家居饰品中。在西方国家，圆点图案被应用于马戏的客串丑角的服饰，其诙谐和活泼的个性贴近儿童用布的图案需要，因而被广泛运用于儿童服饰与家纺设计中。

几何图案还可以与色彩相结合，通过不同的色彩搭配和渐变效果，增强几何图案的视觉吸引力和表现力。同时，几何图案也可以与其他图案（如人物、植物、动物等）结合，形成更为复杂和丰富的设计风格。总的来说，几何图案是一种充满几何元素和抽象性的图案设计，具有独特的美感和视觉效果，可以为纺织品带来现代感和艺术性。

第二节 纺织品图案设计的典型风格

纺织品图案的风格是指图案内容和形式整体呈现出的艺术特征。图案题材、造型、色彩、技法工艺等受社会背景、文化思潮的影响，反映出不同时代的时尚与追求，是现代纺织品图案的造型特征之一。纺织品设计的风格多种多样，可以根据不同的文化、时代和个人创意进行选择和表达，主要分为民族风格、乡村风格、古典风格、现代风格等类型。

一、民族风格图案

民族风格图案是指具有特定民族文化和传统元素的图案设计（图2-14）。不同的民族拥有不同的艺术风格和图案元素，这些元素常常被用于表达和展示该民族的独特身份、价值观和传统文化。民族风格图案包括各种元素，如传统图腾、几何符号、民族花纹、传统建筑、服饰图案和手工艺品图案等（图2-15）。这些图案通常具有丰富的色彩和纹理，以及独特的构图和组合方式。

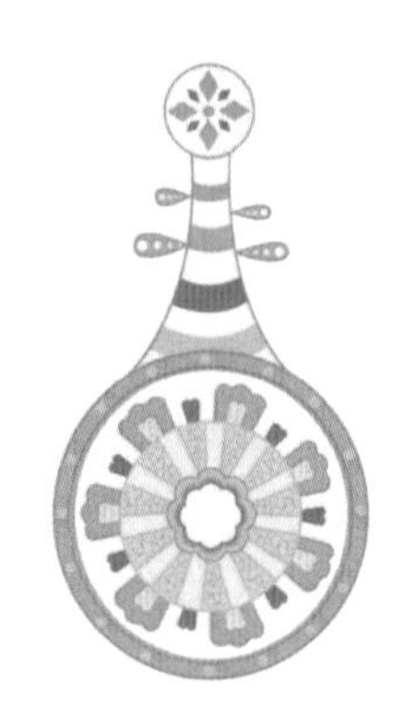
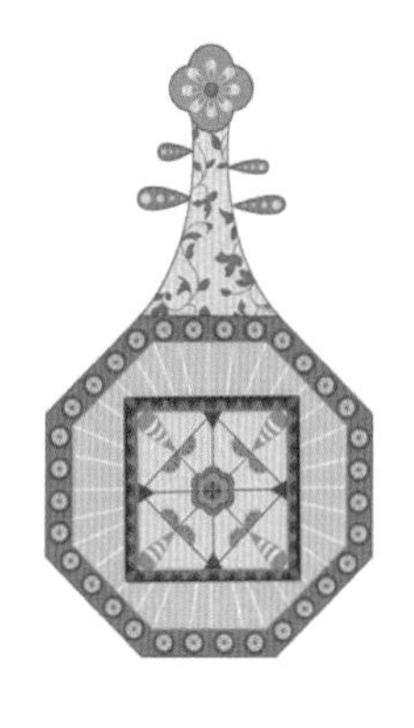

图2-14　学生作品8

（一）国内民族风格图案

汉族是我国的主体民族，图案以龙、凤纹为代表。汉族民间一向将龙作为民族图案的主体，以“龙的传人”自称，常见的纹样有龙凤呈祥、凤戏牡丹、丹凤朝阳等。虎的图案在汉族纺织品中也颇具代表性。在民间艺术造型中，虎的形象威严而不恐怖，表现出小孩般的顽皮和憨态，如虎头鞋、老虎枕等，都较为典型。在植物图案中，常见的有梅花、兰花、竹、松、菊花、吉祥草（忍冬草）、灵芝、牡丹、荷花、宝相花等。在人物图案中，以八仙、和合二仙、钟馗、门神、财神、寿星和观音等为代表。在寓意吉祥的图案中，有太极八卦、盘长、方胜、喜相逢、涡纹、如意、聚宝盆、摇钱树等。

图2-15　学生作品9

苗族是中国的少数民族之一，其图案多具有文字表意功能，色彩夺目，装饰繁复，如苗族服饰中的挑花图案“弥埋”和“浪务”，其中“弥埋”图案由勾连纹、塔状纹、三角折曲纹组成，代表水浪；“浪务”图案由半抽象的纹饰组成，代表骏马。据民间传说，图案上方的两道三角曲折弯道是指苗族在迁徙过程中渡过的大河，下方是花浪纹。除了具有表意功能的图案外，蝴蝶纹、龙纹、百鸟纹等动物纹也较为常见。

黎族的纺织图案也较为特别，设计灵感主要来自人们日常生活中所见到的自然形象。例如，居住在深山的人们多喜欢用水鹿、鸟兽、彩蝶、蜜蜂、小爬虫、木棉花、龙骨花等图案，而居住在平原地区的人们则喜欢以江河中的鱼、虾、青蛙和田间的鹭鸶为灵感来源。常见的黎族纺织图案有几何纹、方块纹、梯田纹、房屋纹、竹条纹、水波纹、牛鹿纹、山形纹、龙凤纹、青蛙纹、鱼虾纹、汉字纹等。

土家族特色织锦名为“西兰卡普”，有上百种不同图案。土家族长期生活在大山中，因受到生活环境的影响，纺织品的题材主要围绕着土家人最基本的生活和生产方式，包括自然万物、生活用具、民情风俗、神话传说、几何图形、原始象形文字六类。其中以植物花卉为题材的图案主要有小白梅花、大白梅花、九朵梅花、岩蔷花、牡丹花、刺梨花等；以动物为题材的图案有阳雀花、猫脚迹花、燕子花、猴面花、蝴蝶花、螃蟹花、虎皮花等；以生活用具为题材的图案有桌子花、椅子花、大王章盖花、粑粑架花、桶盖花、梭子花等；以民情风俗为题材的有迎亲图、白果花图等；以文字为题材的图案常见的有万字花、生字花、喜字花等；以几何图形为题材的有单八勾花、双八勾花、二十四勾花、四十八勾花、万字格花等。

图2-16　西藏唐卡《五世达赖喇嘛画像》（故宫博物院藏）

藏族的纺织品中较为出名的是唐卡（图2-16）。西藏唐卡一般在画幅中心位置画一尊大佛像，称为主尊像，然后把一段故事场景从唐卡的左上角开始围绕主尊像顺时针布满一圈，每幅画一般都是一个比较完整的故事。唐卡在区分不同情节的构图场面时，巧妙地利用了寺庙、宫苑、建筑、山石、云、树等，或用截然不同的色彩相互分隔和联结。虽然每个构图的形状、大小都不相同，但看上去仍能一目了然。这些景物除了具有区分构图的作用外，在很多情况下，经常被安排为故事人物的活动环境，所以它们本身又形成了一幅幅各具特色的风景画。这是西藏唐卡区分画幅的重要特点。在用色上，西藏唐卡一般以青绿色画山石、树木、天空和地面，对人物、建筑及大面积的主尊像施以红、黄等暖调色彩。冷暖色交织产生的色彩对照关系，使整个画面既富丽协调又层次分明，具有很强的装饰色彩效果。

（二）国外民族风格图案

在国外民族图案中，佩兹利图案是独具特色的纹样之一。佩兹利图案发祥于克什米尔，因此又被称为克什米尔图案，最初常用深色线绣在羊毛织物上。自从被运用到印花织物上后，其表现手法更加丰富多样。设计师们时而用密集的涡线处理图案，时而用平涂色块处理图案，时而用错落有致的纯松球图案，时而将其穿插于各种复合图案中，时而把它排列成裙边图案，时而把它组成角花图案……变化丰富，特别适用于古典、华贵风格的形式表达。

波斯图案（图2-17）的特征是其精美的细节和对称性，在构图排列上主要分为三种类型：第一种是采用波形连缀式的骨式，第二种是圆形连续式的骨式，第三种是在区划性的框架中安排对称的图案。波斯图案多以植物为主，椰子、石榴、菠萝、玫瑰、百合花、风信子、菖蒲及蔷薇等都是主要题材，采用变形与写实相结合的处理方法，构图巧妙，线条流畅，主次呼应，花纹精致，繁而不乱，高贵典雅。波斯图案对我国唐代纹样产生了深远的影响，其中联珠对鸭纹锦、联珠对鸡纹锦、联珠熊头纹锦、联珠鹿纹锦等都是受到波斯图案的启发而产生的。

图2-17　20世纪欧洲艺术家临摹的波斯作品

印度图案通常包含抽象图案、动植物图案和几何图案，并常常出现在装饰物和纪念品上。在题材上，印度传统图案主要分为两类：一类起源于对生命之树的信仰，另一类出于印度教故事与传说。前一类图案多取材于植物，如石榴、百合、菠萝、蔷薇、风信子、椰子、玫瑰和菖蒲等；后一类图案主题给印度图案带来浓烈的宗教色彩和明显的伊斯兰教装饰艺术风格。印度图案有着清晰的轮廓，具备强烈的装饰性，在拱门形的框架结构中安排代表生命之树的丝杉树和印度传统的人物故事及动物形象，产生稳定对称的视觉效果。

二、乡村风格图案

乡村风格图案泛指着意表现带有乡村田园风味的染织图案，源自西方传统装饰图案。该风格图案追求自然、朴实和温暖的感觉，常常通过简单的元素和粗犷的手绘效果来呈现。18世纪，乡村风格在欧美已初具流行规模，主要分为英式乡村风格、法式乡村风格、美式乡村风格等，映射出人们渴望回归自然的心理与情趣。乡村风格的图案多以粗棉布、灯芯绒、牛仔布等棉、麻、毛天然织物为材料，以印花、织花、拼接、刺绣为主要工艺，以褶皱、荷叶边、缎带为装饰，呈现出清新质朴、自然随意、温馨甜美、平和内敛、宁静和谐的平民气质，在自然和略带怀旧的风格中追求一种浪漫的理想情愫，被广泛运用在服饰及床品、家居装饰布、壁纸等设计中。图案主要有色织条格纹、方格纹、满地碎花纹、花束纹等，灵感源于农田元素、动物和昆虫、花卉植物等（图2-18）。在颜色上，乡村风格图案通常以柔和的色彩为主，如暖色调和自然

图2-18　“鸟瞰图”印花棉布服装面料
（对地面景观鸟瞰式的抽象描绘）

色调，以增强其温暖和宜人的感觉。

三、古典风格图案

古典风格图案泛指运用古典艺术特征进行设计的图案，这些图案常常受到历史时期、宫廷艺术和古代文化的影响，以华丽、繁复和庄重为特点，自18世纪末出现以来影响至今。古典风格图案强调表现真理般的经典格式，造型完美，色调沉稳，追求图案语言的规范性与技巧性，具有理性而严谨、内敛而适度、典雅而精致、富丽而精良等艺术特征。古典风格图案代表了一种文化的流派，有着深厚的文化意蕴，内容涉及动植物、人物几何格纹等纹样，以织造、印花、刺绣、蕾丝等工艺为主要表现手段。

朱伊图案作为古典风格图案中的一种，指源自印度、流传于伊斯兰文化圈中的一种印花图案，这种图案摆脱了欧洲印花绢丝花样一味对印度图案的模仿，创新性地运用西洋绘画中的透视原理与铜版蚀刻画的技法来表现印花图案。朱伊图案主要有两种题材：一种是用单色的配景画，以南部法兰西田园风景为主题，有时还穿插一些富有幻想色彩的描写中国风俗和风景的题材；另一种是在椭圆形缘饰内配以西洋风格的人物或希腊、罗马神话及传说中的神和动物等具有古典主义风格的图案。

巴洛克图案是一种源于欧洲文艺复兴时期的装饰图案，其最大的特点就是贝壳形与海豚尾巴曲线形造型的应用。后期的巴洛克图案主要采用莲、棕榈树叶等古典图案，以及古罗马柱头莨菪叶形的装饰，贝壳曲线与海豚尾巴形曲线，抽纱边饰、拱门形彩牌坊等形体的组合。后来，巴洛克图案的异国风情越来越明显，特别是中国风格的注入，如中国的亭台楼阁、山水风景以及流畅的植物线条、曲线形和反曲线状茎蔓的相互结合，使其图案风格逐渐向洛可可风格演变。

洛可可图案的风格特点是具有纤细、轻巧、华丽和繁缛的装饰，多以C形、S形和涡卷形的曲线和艳丽的色彩为装饰构成。这种风格虽然起源于法国宫殿，但由于满足了王公贵族的审美需求，很快就在18世纪的欧洲诸国宫殿中盛行起来。洛可可图案强调轻盈和优雅，具有高度的感性表现力，在色彩上经常使用金色、浅蓝色以及柔和的粉色等颜色，被广泛应用于当时的装饰艺术品，包括家具、织物、帷幕、雕刻和细节装饰等。

阿拉伯图案也是古典风格图案中的一种，它不但对伊斯兰国家有着深远的影响，而且对中国、欧洲等国家和地区也有着不可忽视的影响，如我国唐代的卷草纹样和敦煌的藻井图案都是由阿拉伯图案发展而来的。阿拉伯图案大体由两个部分组成，一部分是阿拉伯卷草纹，另一部分是阿拉伯结晶纹。卷草纹以古埃及的纸莎草花、莲花，美索不达米亚的忍冬花和古希腊的莨菪叶等植物为主题，将这些花、叶、茎组合，构成对称的、规则的、卷曲的连续纹样。这样的纹样优雅且富有美感，在古希腊、古罗马时代乃至意大利文艺复兴时期都风靡一时。在植物纹样的处理上，对纹样造型进行几何解析，使其抽象化，填充植物纹样的丰富效果，从而演绎出结晶纹。结晶纹即把画面分割成正十字形的格子，以横竖之间的交叉点为图案的圆心，围绕圆心展开成六角、八角、十二角形的几何形图案结构，再在这种结构上发展出几何或植物图案，我国敦煌的藻井图案很多就是由结晶纹发展而来的。

四、现代风格图案

现代风格图案源自20世纪西方的“现代主义”，是反传统的各艺术流派的统称，强调对现实的真实感受。纵观艺术历史，现代派诞生于印象派的临近时期，这一时期的艺术家开始积极探索和追求新的艺术形式，宣布与传统的表现技法彻底决裂。他们跳出既定模式，要求突破“重理性和重写实”的传统模式，充分地发挥艺术家的想象力，不被过于写实的模式桎梏。这一思想与中国画的传统表现思想十分接近，中国画强调意境，注重神似，正如齐白石所说，“太似为媚俗，不似为欺世”。在现代风格诞生以前，设计师往往注重“画什么”，即主题内容是什么；在印象派之后，人们关心的是“怎么画”的问题，即怎么表现。在现代主义风格出现的百余年间，印象派、野兽派、表现主义、抽象主义、立方主义，乃至行动画派、光效应艺术、波普艺术、极少主义等此起彼伏地出现，这些流派为纺织品图案设计带来了新的内容，丰富了纺织品图案设计的素材。

劳尔·杜飞（Raoul Dufy）是野兽派较有代表性的人物之一，他后期一直从事纺织品图案设计，因为设计的纹样独具特色，被称为“杜飞纹样”（图2-19）。杜飞设计的纹样一改以往纺织品图案中的写实风格：首先运用印象派与野兽派的写意手法，他用大胆简练的笔触、恣意挥洒的平涂色块以及粗犷豪放的干笔创作，然后用流畅飘逸的钢笔线条勾勒出写意的轮廓，其花卉图案形象、夸张、多变，色彩强烈、明快，线条质朴、简洁，具有浓烈的装饰效果。通常以明亮、鲜艳的色彩为特点，常使用大胆的色彩组合和鲜明的对比，传达出欢快和活泼的感觉。常见的图案题材包括花卉、植物、舞蹈人物等，这些图案通过简化和扭曲的形式表达出一种活力和运动感。杜飞从其印花图案设计的经验中悟出了自己独特的、创造性的、具有装饰风格的新画风，从而奠定了他在美术史上的重要地位。

波普风格倡导要根据消费者的爱好和趣味进行设计，要符合流行的象征性要求（图2-20）。波普艺术的兴起是对抽象表现主义的一种回应，抽象表现主义注重艺术家内心情感的抒发，而波普艺术更加关注日常生活和大众文化。艺术家以广告、电影、音乐、漫画、商品包装等大众媒体和物品为灵感来源，创作出明快、直接、具有视觉冲击力的作品。其中，安迪·沃霍尔（Andy Warhol）是波普艺术中极具代表性的人物，他的作品通常描绘明星、流行文化符号、广告标志、食品包装等大众文化的元素，以独特的方式呈现当时社会的消费主义和媒体影响。波普艺术对后来的艺术和设计产生了深远的影响，其风格和观念延续至今，打破了高尚艺术与大众文化之间的界限，强调艺术与生活的联系，开创了全新的艺术表达方式。

点彩图案是将自然界中存在的色彩分解，用排列有序的、短小的点状笔触，像镶嵌在画面上一样以并列的技法作圆而形成的图案。1886年，法国画家修拉（Seurat）及其追随者西涅克（Signac）、毕沙罗（Pissarro）父子等印象派画家在第八届印象派美术展览会上展出了点彩画作品，引起争论。由于他们新奇的、不同于早期印象派的独特风格而被称为“新印象派”。他们将自然中存在的色彩分解成构成色，用排列有序的、短小的点状笔触，像镶嵌那样在画面上并列起来的技法作画，又被称为“点彩派”。点彩派美术出现后，很快被运用到印花织

图2-19 劳尔·杜飞作品

图2-20 波普艺术风格印花棉布装饰织物

物图案的设计中，并且作为最早的现代图案经常出现周期性流行现象。点彩图案对于印花设备的适应性是其他织物图案无可比拟的，它可以适应任何机械设备和手工工艺的加工。其实早在汉唐时期，我国已经有采用点来处理图案的方法了，在已出土的汉代丝织物中，有一种叫“泥金印花”的图案就是由金色与朱红色小圆点组成的。

【思考与练习】

1. 结合实际图例分析常见题材和典型风格图案的时代背景、造型特征与形式美感。
2. 比较乡村风格图案与古典风格图案的特点。
3. 请结合实际，阐述不同题材与典型风格图案在当今纺织品面料上的应用形式及意义。
4. 请结合流行趋势试述如何对乡村风格图案进行创新发展。

第三章 纺织品图案的设计方法

课题名称：纺织品图案的设计方法

课题内容：1. 纺织品图案的构图类型与特点

2. 纺织品图案的构成与形式美法则

3. 纺织品图案设计的创意思维模式

4. 纺织品图案设计的规格与接版

课题时间：12课时

教学目的：主要阐述纺织品图案设计的类型、构成法则、创意思维模式、规格、接版的方法等，使学生掌握设计方法，提升设计能力。

教学方式：理论教学

教学要求：1. 使学生掌握纺织品图案的基本形式。

2. 使学生掌握纺织品图案的设计要素和创意思维模式。

3. 使学生掌握纺织品图案设计的规格。

4. 使得学生掌握纺织品接版的要点。

第一节 纺织品图案的构图类型与特点

根据产品最终需要呈现的形式，纺织品图案的布局构成大体可以分为连续型与独幅型两种类型。

一、连续型构图

连续型构图具有重复循环、排列有序的特点，如服装衣料、装饰面料的图案大多是连续型构成。按照连续型构成呈现方式，图案的设计构图主要分为以下几类。

（一）散点式构图

图3-1 学生作品10

通过在画面中散点式地安排主题元素，以创造一种松散、自由、自然的视觉效果。这种构图方式通常用于表达随意、放松、无序的主题，突出主题元素的分散性和多样性（图3-1）。散点构成可采用一点式、两点式、三点式、四点式以至八点式、九点式等形式。一点式指单位面积内放置一个（或一组）图案，可采用平接、跳接的接版方式。两点式指在一个单位面积内安排两个散点图案，可以将一个点作为主点，另一个点搭配为辅点以活跃画面。如果图案具有方向性，则可排列成丁字形，或者有秩序地交错排列组合。两个散点图案可以设计成一大一小、一主一次等形式，形成较丰富的变化，两点式中一般平接、跳接方式均有采用。其中一点式、两点式具有基本的散点构成特点，其他可以依此类推，根据设计需要而采用相关点数。

（二）连缀式构图

连缀式构图又被称为连贯构图、串联构图或线性构图（图3-2），通过将一系列的主题元素或构图要素有机地连接在一起，以几何形的曲线骨格为基础，形成一条或多条线性路径，从而创造出视觉上连贯、流动的效果。连缀式构图规律性强，多用于织花图案的构图排列，其构成骨格包括菱形式、波纹式、转换式、阶梯式等。

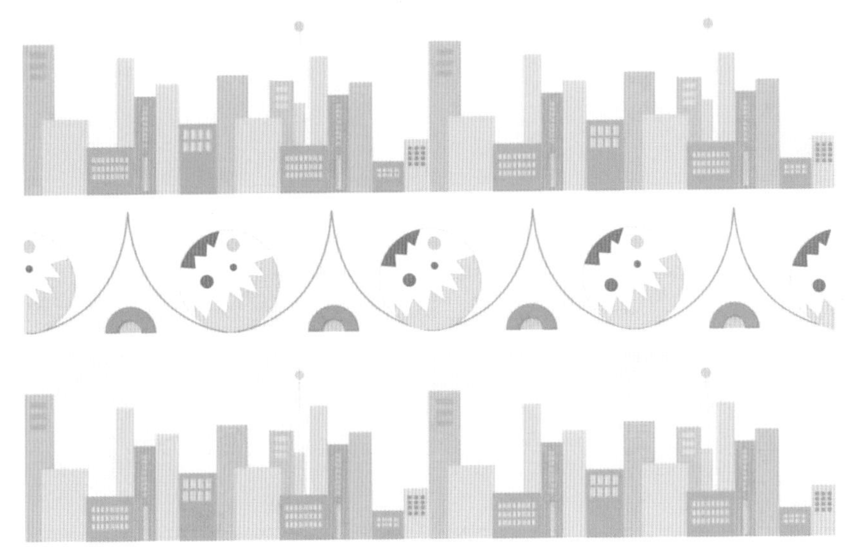

图3-2　学生作品11

（三）重叠式构图

重叠式构图是将两种或两种以上的图案互相交叠，进行有机排列的构图形式。因为图案重叠的缘故，所以画面看起来层次丰富（图3-3）。在重叠式构图中，底层的图案起衬托主体图案的作用，被称为“地”，地纹的图案造型、色彩搭配稍简单；其上方的图案被称为“花”，也就是主体图案，画面造型丰富、色彩相对协调、对比明显。重叠式的主要特点是利用颜色的对比构成丰富的层次。

图3-3　学生作品12

二、独幅型构图

无须接版可独立成章是独幅型构图形式的特点。一般画幅较大，构成因素复杂，需要设计者具有相应的组织能力。地毯、桌布、靠垫、床上用品、毛巾等纺织品的图案一般采用独幅型构图形式，具有独立自由、潇洒大气的视觉效果。鉴于品种不同，构成形式也多种多样。

（一）对称式构图

以画面中心为轴线，将画面元素放置在画面中心或对称的位置，给人以平衡、安宁、稳重的感觉，画面结构均衡，相互呼应。这种构图方式常用于强调平衡、和谐、秩序或创造简洁、对称的艺术感的画面中（图3-4）。

（二）对角式构图

将主体安排在对角线，达到突出主体的效果。其中，对角线是指从画面的一个角到另一个角的直线，可以是对角线、倾斜线或斜线等形式。对角式构图布局能让整幅画面更加生动且主次分明，具有较强的层次感（图3-5）。

图3-4 爱马仕方巾图案3

图3-5 学生作品13

图3-6 爱马仕方巾图案4

（三）S 型构图

S型构图的元素呈S形，有韵律感、延伸感，适用于小路、跑道、流水等具有韵律动感的场景。C型、Z型属于S型的变形形式。S型构图常用于强调流动性、引导观众目光或创造视觉的动态感（图3-6）。

（四）环绕式构图

以主体为中心，画面呈放射或环绕状，突出主体，有强烈的动感和整体感，能营造很好的氛围感。这种构图方式常用于突出主体的重要性，创造亲近感或营造一种被环绕的氛围（图3-7）。

（五）相框式构图

一般常利用门、窗或其他元素作为前景或后空间，突出主体，从而产生更强烈的现实空间感和透视效果。这种构图方式常用于强调主体的重要性、增加画面的层次感和引导观众的视线。

图3-7　爱马仕方巾图案5

（六）X 型构图

画面整体的走势或线条按X布局，纵深感强，适用于表现空间感。实践中通过调整元素的位置、控制视觉重心和平衡构图元素之间的关系，创造出平衡、动态和引人注目的画面效果。这种构图方式常用于突出主体、强调对比或创造出视觉的动态感。

（七）三角式构图

画面中以三个视觉中心为三角顶点，可以是安定、均衡的正三角，也可以是运动、冲击感强的倒三角。这种构图方式常用于突出主体的重要性、创造层次感或引导观看者的目光。

（八）中心式构图

将主体置于画面中心，元素围绕主体放置，画面安宁、稳重、聚焦，突出中心主体。通过在四角配以与此相适应的纹饰，相互呼应，使用效果更好。这种构图方式常用于突出主体的重要性、创造对称感或强调主体的集中性（图3–8）。

图3-8　爱马仕方巾图案6

（九）三分式构图

将画面分为三个部分，将主体或重要的元素放置在黄金分割点或黄金分割线，以创造出平衡、对比和具有视觉吸引力的画面效果。这种构图方式常用于突出主体、创造层次感或引导观众的目光。

（十）几何分割式构图

用几何形状分割画面，创造出平衡、对比和具有几何美感的视觉效果，让画面富有设计感和冲击力。这种构图方式常用于突出几何形状、强调对称性或创造出抽象感和现代感（图3–9）。

图3-9 学生作品14

（十一）特写式构图

将主体呈现在最前面进行特写，使画面张力强、有冲击力。通过近距离刻画，放大主体特征、情感或细微之处。

（十二）太极式构图

将两个元素进行太极式构图，凸显画面的安宁，既形成交互又有对比。太极式构图是一种具有象征意义和美学魅力的构图方式，通过对比、平衡、动态与和谐的表达，它可以创造出独特而富有视觉冲击力的画面效果。在实践中，可以通过选择合适的主体、元素和色彩来创造太极式构图。

第二节 纺织品图案的构成与形式美法则

一、纺织品图案的构成法则

纺织品图案受纺织品功能与工艺的制约，相对于其他造型艺术形式有其自身的个性特点，但在构成形式上，具有共通的构成法则。一般将织物图案上的纹样称为“花”，底色纹样称为“地”，按“花”和“地”在织物纹样中所占的比例，可将织物图案构成划分为清地构图、混地构图、满地构图三种，这三种不同的构成形式大相径庭。

（一）清地构图

“花”和“地”在清地构图中占据面积悬殊，也就是图形占据的空间很少，留下了很大的底色空间。这样的组合使图案和底色的区分较为明显，简单而又美观，给人一种轻快的感觉。清地构图的形式适用于制作女士上衣、裙子、床单、窗帘等织物图案（图3-10）。

（二）混地构图

“花”和“地”在混地构图中所占的面积相等，排列相对统一，花纹和底纹也有了明显的层次感（图3-11）。这种类型的构图要讲究图案的穿插自如、色彩搭配平衡，画面讲究均衡感。

图3-10　学生作品15

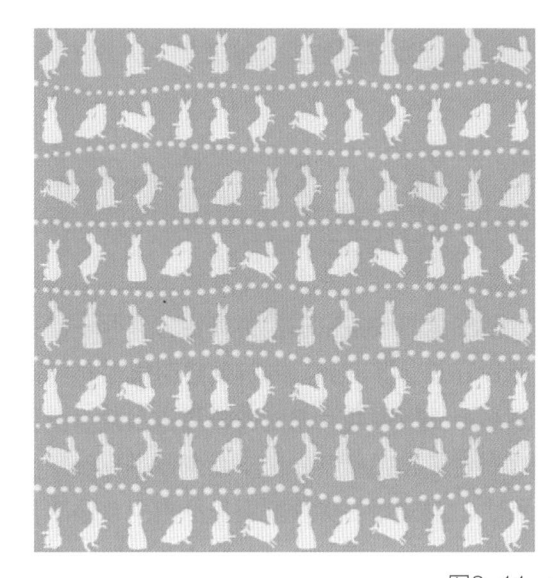

图3-11　学生作品16

（三）满地构图

在这种构图中，“花”占据了整幅画的大部分区域，甚至占据全部面积，只露出一点点底纹，或者不显底纹，形成“花”“地”交融的空间效果（图3-12）。这类构图的特点是画面内容多样、层次丰富、富贵华丽。

“花”和“地”的关系除了体现在同一纬度上的不同面积外，在纵向空间的排列上也会呈现出不同的关系。

1.平面空间

“花”与“地”处于同一平面空间，并没有刻意强调前后距离，也没有主体深度，但视觉上仍能清晰地感受到这个平面中的“花”与“地”有前后之分。“花”与“地”之间的关系简单明了，容易形成统一效果。

2.立体空间

“花”与“花”、“花”与“地”在视觉上具有明显的前与后、虚与实的空间关系，或是本身在造型上就具有一定的立体感、深度感，在视觉上具有更真实、自然的三维空间感。

3.暧昧空间

图案中的“花”和“地”的关系模糊，它们之间存在着变换和易位，空间层级上呈现出一种模糊不清的“暧昧关系”，使图案呈现出一种扑朔迷离的、动态的、奇特的视觉效果（图3-13）。

图3-12　学生作品17

图3-13　学生作品18

二、纺织品图案的形式美法则

作为美学理论中的一个专属名词，“形式美”是指客观事物和艺术形象在形式上的美的表现。对形式美的探讨几乎是各艺术门类的共同课题，也是纺织品图案设计中不可或缺的重要环节。

对于“美”而言，其已经是一个宏大而又深远的话题。正如美国著名的自然主义哲学家兼美学家乔治·桑塔耶纳（George Santayana）在《美感》一书中所说的那样，“多少世纪以来，人体提供了一种比例与准则，人和动物的许多特征像是‘经过设计’一般的完美，特别是人的脸，很大程度上影响人们潜意识的合适感和秩序感，引导人们追求平衡与和谐，人们的天性中必定有一种审美和爱美的最根本、最普遍的倾向”。

（一）纺织品图案的对称美

对称，又称对等、均齐，是事物中相同或相似形式因素之间相称的组合关系所构成的均衡。对称有左右对称、上下对称等多种方式，其基本形态又分为两种，即完全对称、相似对称。它既是平衡法则的特殊表现形式，也是形式美的核心。很多审美理论认为，对称是美的根本准则。对称美在自然界中广泛存在，不仅是人类和动物的身体，植物的叶片和果实等也具有对称性。更有意思的是，雄鸟往往因其羽毛颜色的对称而受雌鸟青睐。对称美给人们的视觉感受带来了完整和秩序，也带来了平衡，可以说是纺织品图案中最多的一种形式表现。

（二）纺织品图案的对比美

对比是指把艺术作品中所描绘的事物和对象的性质（形状、面积、色彩、大小、位置、方向、肌理等）及性格方面的对立因素十分突出地表现出来。对比的方式可以更加清晰地刻画出物体的特征和人物的特征，使作品具有较强的视觉冲击，加深了人们的印象，是艺术作品中不可或缺的表现方式。在服装图案的表达过程中，经常可以见到大与小、曲与直、冷与暖、粗与细、刚与柔、简与繁、疏与密、动与静、规则与不规则、传统与现代等造型元素的形式对比。

人们在体会这种反差所引发的美学意蕴时，也要注意服装与纹样之间的整体协调。“浓绿万枝红一点，动人春色不须多”（宋朝・王安石），这是一种红色与绿色的反差，大片的绿色让红色更加显眼，却不失和谐与统一。在运用对比的方式时，对数量和面积的掌握是非常关键的，这也是艺术学习中的一个难点。

（三）纺织品图案的和谐美

在纺织品图案设计中，和谐美是通过形、色等各个因素来表现的。在实际应用中，同一设计中相同的要素越少、越接近（包括形状、大小、方向、色彩、肌理等），所表现出的和谐性就会越强。而过于一致又会削弱视觉冲击，呈现平缓、倒退的效应，所以审美中有了对比的产生。因此，设计者既要寻求自己的图形语言之间的协调，又要注重图形与室内的样式等要素之间的协调，从而达到真实的协调之美。

（四）纺织品图案的节奏美

“节奏”一词最初为音乐术语，它是由声音的轻重缓急构成的韵律，后来扩展到了造型的范畴。在造型艺术中，节奏感表现在形象排列组织的动势上，如从大到小，再从小到大；从静态走向动态，又从动态走向静态；从曲到直，再从直到曲，这就是一种规律。虽然各学科之间有各自的表达方式，但艺术的形式规律是相通的。因此，好的纺织品图案设计也离不开节奏美。

（五）纺织品图案的均衡美

均衡，原是一种力学上的平衡状态，在纺织品图案中主要指图形与色彩在面积大小、轻重、空间上的一种视觉平衡，强调注重心理上的视觉体验。与对称相比，均衡实际上更突出自由和个性，是一种动态张力的平衡，也是一种静中的动态，是对称的变化体现。在现代的纺织品图案设计中，均衡是设计师们非常注重的表达方式。

（六）纺织品图案的比例美

比例美是指事物整体与局部以及局部与局部之间的关系，同时彼此之间包含着对称性和一定的对比性，是和谐的一种表现。古希腊数学家、哲学家毕达哥拉斯（Pythagoras）提出的黄金比例，被广泛运用在很多设计当中，如明信片、邮票、书籍、报纸等。在中国古典山水绘画中，“丈山尺树，寸马分人”的说法体现了对各种景物之间比例关系的合理安排。对于一款花卉图案的家用纺织品而言，其比例美体现在花型的大小和空间的疏密度上。

（七）纺织品图案的变化与统一

“寓变化于统一”，是形式美中最基本的法则，是对形式美中对称、均衡、对比、比例、节奏等规律的概括。“变化”是不同事物运动和发展的产物，而“统一”是同化性运动的体现。变化与统一均衡了对立面的同时，又保持了事物的丰富性。在具体的纺织品图案设计中，注重对各种因素的“度”的精妙掌握，可使纹样之间的关系达到理想状态。

第三节 纺织品图案设计的创意思维模式

一、图案设计的创意思维模式

图案设计的创意思维模式是指在设计和艺术创作中用于生成和发展图案创意的思维方式和方法。以下是一些常见的图案创意思维模式。

（1）观察和收集。观察周围的环境、自然界、建筑物、纹理、图案等，收集灵感和参考素材，注意其形状、线条、颜色、纹理等视觉元素，并记录下来。

（2）关联和联想。将不同领域、不同元素或概念进行关联和联想，寻找它们之间的联系和相似性，可以通过思维导图、关联图或创意连接等方式进行。

（3）抽象和简化。将观察到的事物或元素进行抽象和简化，去除细节和不必要的元素，提取出关键的形状、线条或图案，这有助于突出图案的基本结构和特征。

（4）反转和变形。尝试将观察到的事物或元素进行反转或变形，创造出与原始形态不同的图案，可以通过翻转、旋转、镜像、变形、扭曲等方式来实现。

（5）组合和重复。将不同的形状、线条或图案进行组合和重复，创造出新的图案，可以通过拼贴、堆叠、排列、平铺等方式来实现。

（6）色彩和纹理。尝试不同的色彩组合、渐变、阴影和纹理处理，以增加视觉吸引力和表现力。

（7）差异和对比。引入意外的、不寻常的或对比强烈的元素，创造出引人注目的图案。通过对比明暗、大小、形状等方面的差异，可以产生视觉冲击力和视觉张力。

（8）实验和演变。不断尝试和实验不同的图案创意，进行迭代和演变。通过尝试多个版本和变体，发现更好的创意解决方案。

这些思维模式有助于刺激想象力，发现新的图案创意，并激发创作灵感。在实践中，可以结合这些思维模式，并根据具体的项目和需求进行调整和应用。通过不断的探索和实践，可以创作出独特而富有创意的图案设计和艺术作品。

二、纺织品图案设计创意思维模式的应用

纺织品图案设计创意的模式较为多元化，可以根据不同的需求选择不同的创意思维模式。这里着重介绍对称和重复，在纺织品图案设计中，这是两种较好实践、容易产出效果的设计方法。

（一）对称

"对称"通常指一个形状被复制之后，其复制的个体以相对于原始形状做滑移、旋转或镜射的现象。其中，旋转对称是指一个图形以一个定点为中心进行旋转重复而成的。旋转对称较为独特，只以一个单点形成对称。

图3-14所示的案例中，用小写字母"t"这个元素进行180°旋转来形成新的图案。在图示中，为了强调对称后的视觉结果，原始元素以浅色表示，对称后的复制元素则以深蓝色表示。旋转180°是常用的旋转角度，可以简单制造出一个对称的效果。这种以两个元素形成的旋转称为二次对称，因为两个元素将360°等分成两个部分，两者相距180°。这种对称的效果在生活中较为常见，如雪花就是大自然中旋转对称的例子，而汽车轮胎的轮毂则是人造物中旋转对称的代表。除了将元素直接旋转180°外，还可以将旋转的中心点放到元素的内部，或者使重复的元素紧密相连，创造出新的图案。通过重置不同的旋转中心点于元素的任何一个方位，如上、下、左、右都可以产生出不一样的效果（图3-15）。

图3-14 元素以单点旋转对称

运用旋转的方法生成创意图案，除了移动中心点外，还可以通过调整旋转角度创造新的图案效果。如一个整圆可以被均分为三块、四块或者更多不同数量的等份。结合不同旋转中心点位置的变化，可以产生成千变万化的图案效果（图3-16）。

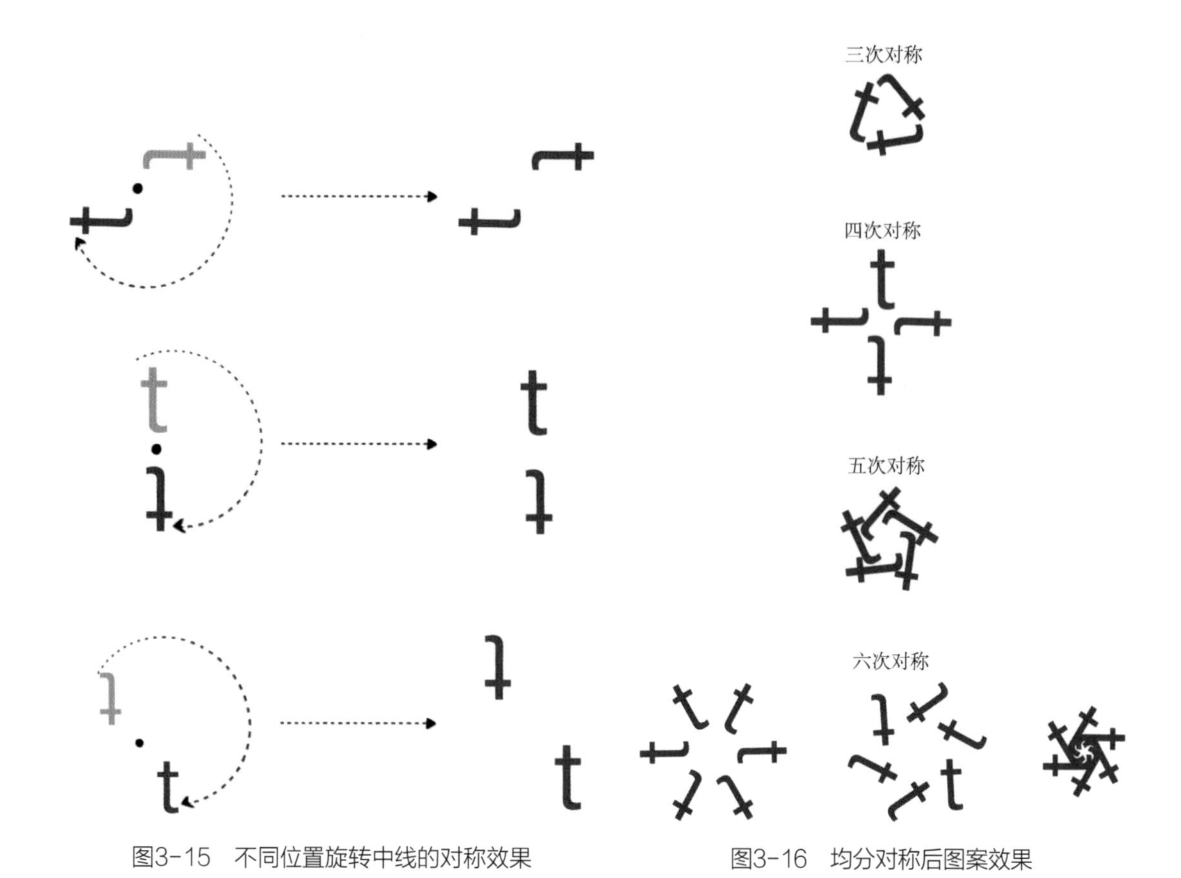

图3-15 不同位置旋转中线的对称效果　　图3-16 均分对称后图案效果

（二）重复

“爱雪式重复”是非常著名的创意图案形成方法，通常由相互衔接在一起的拼接格组成。这种图案的辨识度极高，大多以描绘精细的动物、鸟类、人形构成，而不是单纯的几何形图案。爱雪式拼接图案的基底除了正方形和三角形之外，还有被巧妙转换成四肢、头部、翅膀的形状，最后再加上羽毛、鳞片和面部表情等装饰，就能形成极具创意的图案组合效果。

“爱雪式重复”首先要画四个可以连接成一个正方形的点，称为拼接格。将正方形的四边进行调整，可以得到如图3-17所示的图案。需要特别注意的是，在最初设定正方形的四个点的时候，不要将四个点设得过近，调整后的线条之间也不宜靠得太近。调整好四周的线条后，通过重复四个点和图案，可以平铺出面。在制作图案的时候，可以先以“2×2”数量进行组合，先观察出这个图案的大致组合效果，再决定是否要继续还是返回上一步进行调整。若满意，则按照正方形的四个点进行多次重复，并填上底色，此时可以得到一个完整的图形。在实践操作的时候，不一定要改动正方形的四个边，还可以通过只改变其中一条或者两条边得到新的图案。在调整的时候，一定要反复调试，因为图案经过不断重复拼接后能组合出多样的效果，而这个效果不一定是理想的（图3-18）。

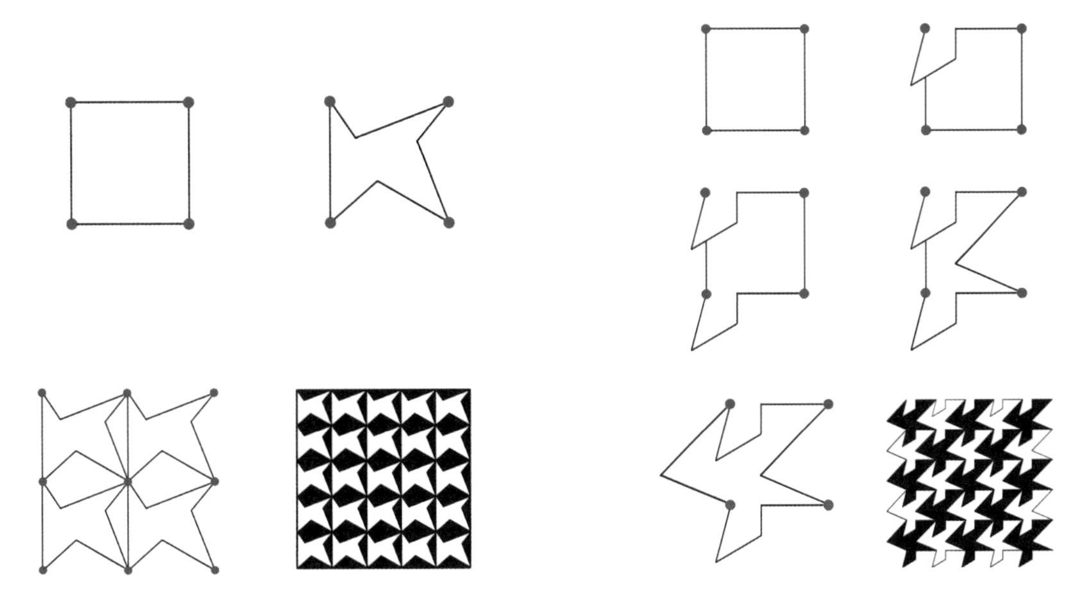

图3-17 “爱雪式重复”变形示意图　　图3-18 “爱雪式重复”多次调整变形效果

如果想要形成更复杂的效果，可以先任意调整正方形的四个边，再将这个图形进行旋转，通过转动进行观察并结合想象，如改动的图形类似恐龙或其他动物，不断地向希望靠近的图案方向进行调整，最终能够得到极具创意和装饰性的图案效果（图3-19、图3-20）。除了正方形，长方形和三角形也能成为基础形状。长方形的运用原理与正方形类似，三角形在拼接方式上略有不同。三角形的拼接有两种变形方式：第一种是将三角形其中两个边进行变形之后，再以单点为中心做旋转；第二种是将三角形的三个边都做改变，再沿着其中一个顶点将形状进行旋转拼接，直至平铺基本型，得到完整的图案效果。

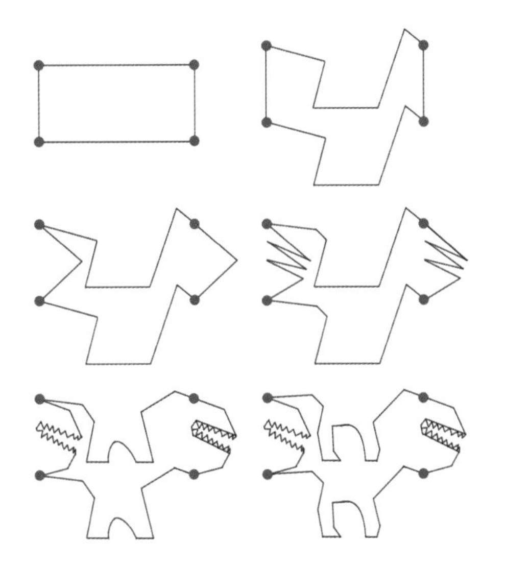

图3-19 “爱雪式重复”运用示范图

图3-20 “爱雪式重复”装饰图案效果图

第四节 纺织品图案设计的规格与接版

一、纺织品图案设计的基本规格

纺织品图案的基本单位尺寸与构图布局关系密切，需要根据印花辊筒或网筛圆周长度确定，如辊筒圆周尺寸为38~44cm，这就是花样画稿上的上下尺寸。花型小、散点少时，可取一半（19~22cm）。圆网印花网筛的圆周尺寸为64cm，即为画稿的长度，或取其一半。基本单位的横向宽度设定较自由，总画稿取长条形的居多，这样图案容易错开。

（1）服用参考尺寸。衣料：330mm × 400mm；裙料：幅宽800mm；丝巾：450mm × 450mm；领带：390mm × 270mm。

（2）家纺参考尺寸。接版：幅宽640mm；独幅：330mm × 400mm。

二、纺织品图案的接版

在纺织行业中，接版是指将面料按照一定的规律和方式拼接，以满足制造服装或其他纺织品的需要。接版可以用于多种目的，包括扩大面料尺寸、创造图案和纹理效果、减少浪费等。

以下是几种常见的纺织面料接版技术。

（一）平接版

平接版是最常见的接版方式之一，是指单位纹样上下垂直对接，左右水平对接而成的版式（图3-21）。平接版的特点是较为平稳，图案呈“井”字形骨架，图案的负空间容易

图3-21 学生作品19

出现较明显的水平和垂直分隔区域，给人较为呆板的感觉。如果设计者在设计单位纹样时，巧妙地安排了形态各异的纹样，方向多变且组合排列，那么即使采用平接版也不会显得死板。

在运用平接版设计图案时，不可避免地会遇到这样的问题：接版图上有不自然的地方或者有空白的地方。这是由于在单位纹样设计中很难注意到接版后的效果，因此，在接版后需要对其进行填充和修改，可以将之前的白条空缺打破，让纹样在接版后仍能保持丰富的状态。

（二）跳接版

跳接版是指单位纹样上下垂直对接、左右跳接而成的版式。左右跳接时可以在单位图案的1/2、1/3、1/4等处错位连接，其中以1/2跳接最为常见。跳接版的特点是图案各部分穿插自如、灵活多变，有时也会形成有规律的菱形骨架（图3–22）。

图3-22　跳接版示意图

除了常见的平接版和跳接版外，在一些特殊情况下，还可以通过切割面料并重新拼接来实现接版效果，这种方式适用于需要精确的图案匹配或纹理调整的情况。在接版时，还需要注意以下几点：首先，要考虑纹理、图案和颜色的匹配，使接版后的面料看起来无缝连接并具有连贯一致的外观。其次，要准确地测量和切割面料，以确保接版后的尺寸和形状的一致性。最后，不同的接版技术适用于不同类型的面料和设计需求。制造商和设计师可以根据具体的产品要求选择合适的接版方式，以达到最佳的效果和质量。

【思考与练习】

1. 结合实际图例理解纺织品图案的基本形式、构成法则与构图排列。
2. 比较“花”与“地”不同布局、空间关系与接版方式的特点与方法。
3. 理解纺织品设计规格与应用的关系，并通过实践感知不同技法的要点与独特效果。

第四章　纺织品图案的色彩搭配

课题名称：纺织品图案的色彩搭配

课题内容：1. 色彩的概念及色彩搭配

2. 纺织品图案色彩设计的心理学原理

3. 纺织品图案色彩设计中主色调的应用

4. 纺织品图案色彩设计中流行色的应用

课题时间：12课时

教学目的：主要阐述纺织品图案设计涉及的色彩学原理，纺织面料品种对图案色彩的制约，以及主色调、流行色的价值与应用，使学生领悟色彩在纺织品图案设计中的重要性，掌握配色方法与要领，提升学生对色彩设计的驾驭能力。

教学方式：理论教学

教学要求：1. 让学生了解色彩学中各基本要素的概念与特点。

2. 使学生理解纺织面料与色彩搭配的关系。

3. 使学生理解主色调的特性与价值。

4. 使学生分析、预测流行色，并合理运用流行色进行纺织品图案设计。

第一节 色彩的概念及色彩搭配

一、色彩的概念

色彩是人的视觉器官对可见光的感觉，在纺织品图案设计中起着重要作用，它可以传达情感，表达意象，并且对作品的整体效果产生深远影响。

色彩主要具有三个基本属性，即色相、饱和度和明度。其中，色相指的是色彩的种类，如红色、黄色、蓝色等。饱和度表示色彩的纯度或浓度，从灰色到纯色的程度。明度则表示色彩的明暗程度，从黑色到白色的变化。不同的色彩可以激发不同的情绪和情感反应。例如，红色常被认为是激情、能量和力量的象征，而蓝色则常被用于传达冷静、平和与安宁的氛围。艺术家和设计师可以利用色彩的特性来创造特定的氛围和表达自己的意图。此外，色彩也可以用于引导观众的视觉焦点和传达信息。鲜明的色彩在视觉上的吸引力更强，可以帮助作品或设计在视觉上突出和显眼。相反，柔和及温和的色彩可以创造出柔和、舒适的氛围。

色彩是艺术和设计中不可或缺的要素之一，它可以通过情感表达、视觉吸引力和信息传达等方面对作品产生深远影响。艺术家和设计师可以通过运用不同的色彩搭配方式，创造出独特而有力的纺织品面料图案。

二、色彩搭配及色彩的呈现方式

（一）色彩搭配原则

从白色到黑色，按照明度的变化产生的深浅不一的灰色属于无彩色系，又称为黑白色系。有彩色系中以红、黄、蓝三色为基色，加以混合，就会产生一系列丰富多彩的颜色，按照人对于色彩的感受，一般划分为冷色和暖色。

色彩搭配是指在艺术、设计和装饰中选择和组合不同色彩以达到视觉上的和谐和平衡。从日常生活中的颜色运用中我们可以看到，每一种颜色都能在色相环中找到相应的颜色，通过分析色相环中冷、暖两种颜色的分布情况，我们可以能更好地了解色彩的搭配原则和方法。以下是一些常见的搭配原则。

（1）按色彩三要素搭配：在色相环（图4-1）中，相隔较远的颜色，可以呈现出较大的差距，如红与蓝、黄与紫等；颜色的明度变化能显示出不同的远近感，如玫瑰色与粉色的搭配、深灰色与浅灰色的搭配。高纯度的颜色在一起，图案边界清晰，而低纯度的颜色在一起，就会产生更加协调的效果。

（2）按色系搭配：同一种色系相搭配，更容易产生协调的效果，比如，红色系的搭配，会给人一种热烈的、温暖的感觉；绿色系的搭配，给人一种充满希望和活力的感觉；蓝色系的搭配，让人的心情变得平静，有时还会有寒冷之感；黑色和灰色系的搭配，则让人的情绪变得沉稳、严肃。对比色系的搭配会起到凸显鲜明的作用，如在纺织品图案的色彩搭配中，以色彩面积或比例的差异为依据，进行对比色系的搭配，经常能够发挥出画龙点睛的效果，使图案呈现出鲜明的个性。互补色系搭配可以相互补充以达到视觉平衡，带给人们自然、平和的感受，色相环包含互补色规律，每种颜色的补色即色相环上180°位置对应的颜色。

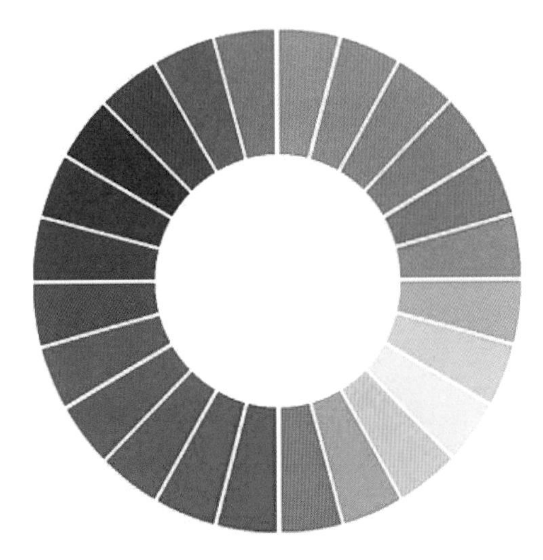

图4-1　24色色相环

（3）按照色彩区域面积搭配：当人们看到某种颜色的组合时，往往会在视觉上趋向一种颜色的均衡，从而满足人们的审美需求，为了实现这一目标，设计者往往会采用增加或减少颜色区域面积的方式，比如减少高纯度颜色区域面积，增加低纯度颜色区域面积，从而实现颜色的均衡。

（4）根据色彩心理搭配：运用到服饰上的色彩会根据人们的心理效应形成一种“情感”，比如儿童服饰的色彩搭配，一般都是采用高明度、鲜艳的色彩，这样才能给人一种活泼、可爱的感觉；对于青少年服饰色彩的运用，需要给人一种朝气蓬勃的感觉；中年人的服饰要选择明度较低的色彩，以表现沉稳、大气的感觉；老年人的服饰，在色彩搭配上要表现出祥和、沉静的感觉。在冷暖色彩搭配中，色彩的温度是人们心理作用的结果。当人们对色彩做出寒冷或者温暖的评价时，通常是由于人们通过某种颜色，联想到了某种场景或者物体，进而感受到了寒冷或者温暖，从而产生一定的心理导向。色彩的轻重感、前后感、质朴华丽感也是人们的心理导向的结果。

（二）色彩的呈现方式

（1）加法混合：色彩的呈现有两种方式，其中一种被称为加法混合。这些颜色是由太阳或手机通信设备、荧光灯等光源产生的。由于这种光是从某个物体上发出的光，所以也被称作发射色。混合的色光越多，其结果就越明亮，白光是混合了全部有色光后的结果。显示器的荧光屏上显示的画面是由非常小的红、绿、蓝三种色彩组合而成的，通常叫作RGB色。当三种色彩都聚集在一个特定的区域时，就会出现白色。如果混合一定比例的红光和绿光会生成黄色光，而红色和蓝色会生成品红色，绿色和蓝色则可产生青色。

（2）减法混合：色彩也可以通过减法混合的方式来获得。举个例子，从太阳或灯泡发出的光投射到正在阅读的纸上，白色反射全部的光而黑色仅反射很少一部分的光，书页之所以能被看到也是反射了外部的光源，于是可以看到黑色的文字和白色的背景。正因如此，减法混合也被称为反射色彩，这种方法产生的颜色被称为反射色。一本彩色图书中所有的图片都是由品红色、青色、黄色和黑色的小点构成，也就是所谓的四色印刷（CMYK）。从不同的距离外观来看，四种颜色的点混合后可以呈现出一系列不同的色相，这便是视觉混合原理。物理的减法混合原理会使颜色变暗、纯度变低，如将红色和绿色的涂料混合，则会得到棕色。数码印花机（图4-2）能在一定的色域范围内，用少量的颜色进行印刷。尽管这看起来像是物理混合，但是印刷在布料上的颜色呈现与光混合的原理相似——如果近距离观看数码印花织物，就会发现它的表面有许多微小的颜色斑点。

图4-2　数码印花机

第二节　纺织品图案色彩设计的心理学原理

一、色彩的作用与心理学原理

因为人们的视觉对颜色较为敏感，所以颜色给人们带来的魅力也就更加直观。拥有鲜艳色彩的物品，特别能够吸引人们的注意力。当人们在挑选产品的时候，缤纷的色彩总是能第一时间抓住人们的视线。俗话说“远看色彩近看花”“七分颜色三分花”，很明显，色彩在纺织品图案设计中，有着极高的作用。

现代色彩生理学和心理学的实验结果显示，色彩不但可以引发人们的视觉感受，还可以引发人们的多种情绪和审美感受。不同颜色的搭配，可以分别表现出热情欢快、华丽优雅、朴素大方等风格迥异的图案特点。当纺织品配色所体现出来的风格情趣与人们所渴望的物质和精神生活相联系，并能引起人们审美情感的共鸣时，表明这样的颜色搭配和形式结构符合人们的审美需要，人们也会因此产生强烈的购买欲。

人类对于色彩世界的感知，其实就是各种信息的集合，它往往包含了人们在以往生活中所积累的各种各样的知识，对于色彩的感知不仅局限于视觉，还涉及听觉、味觉、触觉、嗅觉，甚至是温度、痛觉等，它们都会对色彩的心理反应产生影响。色彩知觉超越了色彩感觉所提供的视觉信息，所以色彩心理学的研究是一个非常广阔的领域。因此，要想让纺织品图案色彩变得更加迷人，设计者必须对不同对象的色彩欣赏习惯以及审美心理有一个全面的了解，只有把握人们对色彩的认知与鉴赏的心理，才能将色彩合理地运用到人们的生活中。

根据心理学的相关研究，婴儿在出生后1个月左右开始对色彩有感知。随着其年龄的增长，生理发育的不断成熟，对色彩的认识、理解能力也逐渐提高，由色彩所引起的心理效应也会随之出现。曾有数据显示，儿童大多喜欢非常鲜艳的色彩，红色和黄色是儿童的最爱。4~9岁的儿童最喜欢的是红色，而9岁以后的儿童则最喜欢绿色。如果要求7~15岁的中小学生把黑色、红色、青色、黄色、绿色、白色六种颜色按照喜好排序，男生的平均次第为绿色、红色、青色、黄色、白色、黑色；女生的平均次第为绿色、红色、白色、青色、黄色、黑色。从中不难看出，绿色与红色为这个年龄段的男女生共同喜爱的颜色，而黑色普遍不太受欢迎。在婴儿时期，人们对颜色的感觉可以说完全是由生理因素造成的，而随着年龄的增长，生活因素的影响就会被加入这种因素中。比如，农村的孩子喜欢青绿色，因为它会让人联想到草木和植物，而女孩则更喜欢白色，因为它更容易让人联想到洁净。不同年龄段的人们对色彩的热爱，不仅是对生活的感受，更多的是对文化的表达。

纺织品图案色彩设计是以现代色彩科学理论为基础的。人们对纺织品的色彩感觉都是光作用于人眼产生的一种反应，要想形成这种反应，需要满足三个最基本的条件，即阳光、物体、眼睛，三者缺一不可。当光线照射在织物上时，有些光线会被吸收，有些光线会被折射或透射，引起人们的视觉反应，并通过视觉神经传入大脑，从而产生织物的颜色信息。色彩科学理论表明，一切颜色感觉都是客观物质（包括光和物体）与人的视觉器官进行交互作用的结果，它是主观和客观碰撞的反应。所以，光源的光谱成分、对象的物理属性（客观因素）以及人的视觉生理机理（主观因素）的改变，都会引起色彩感受的改变。当人们受到一定的颜色刺激从而产生生理活动的时候，还会伴随着精神活动。同样的事物、同样的环境，用不同的色彩来装饰，可以引发人们不同的心理反应和审美情绪，以及产生不同的情绪，如绚丽、朴素、雅致、秀美、鲜艳、热烈、喜庆、欢乐、愉悦、舒适、甜美等感觉。色彩设计讲究以人为本，在不同的时代、不同的地区，因为人们的生活方式、所处的地域环境、所接受的文化教育、风俗习惯的差异，对产品的颜色也有着不同的审美和需求。

二、色彩心理与地域文化的关系

色彩心理是研究不同颜色对人们情绪、行为和心理状态的影响的学科。尽管每个人对颜

图4-3 博柏利（Burberry）丝巾图案

色的感受和解读有所不同，但研究表明，一些普遍的色彩偏好和心理效应在特定的地域中可能存在共性。文化和环境对每个人对颜色的感知和解释有着深远的影响。不同的地域拥有不同的文化、历史和价值观，这些因素塑造了人们对色彩的态度和情感。以下是一些与地域文化相关的影响色彩心理的例子。

（1）亚洲文化：在许多亚洲文化中，红色通常被视为象征吉祥、喜庆和幸运的颜色，与庆祝、婚礼和节日有关。相反，白色在一些亚洲文化中与悲伤、丧葬和哀悼相关联。

（2）西方文化：在西方文化中，红色通常与激情、力量和活力相关。蓝色则与冷静、信任和可靠性联系在一起。这些观念在商业和品牌标识中得到广泛应用（图4-3）。

（3）非洲文化：在非洲文化中，黄色被视为象征幸福、快乐和繁荣的颜色。绿色则与自然、成长和农业有关，被视为生命和健康的象征（图4-4）。

（4）印度文化：在印度文化中，橙色与精神、热情和神圣有关，它在宗教仪式、节日和传统服饰中得到广泛应用（图4-5）。

图4-4 非洲传统服饰

图4-5 印度传统服饰

需要注意的是，这些色彩心理影响的一般化程度是有限的，因为每个地区内部仍然存在着多样性和个体差异。如英国男子喜爱颜色的次序为青色、绿色、红色、白色、黄色、黑色，女子的次序为绿色、青色、白色、红色、黄色、黑色。就我国的乡村和城镇来说，在乡村，尤其是在北部乡村，受天气状况的影响，沙尘多，没有充足的光线，生活环境较为阴沉，因此农户对家居装修的色彩普遍有强烈的需求。但是对于城市的居民来说情况就不太相同了，虽然城市的建筑有很好的光照条件，但是家庭的占地面积很小，而且有大量的人群，城市的噪声和紧张的工作很可能会让人感到疲惫，所以，除了一些小件装饰品的颜色比较鲜艳外，其他物品通常都会讲究文静、雅致。由于中国是多民族的国家，不同的民族对于颜色的喜好与禁忌有着不同的看法。此外，全球化和文化交流的增加也导致了一些跨文化的色彩解读和使用的变化。

总的来说，色彩心理与地域文化之间存在一定的关联，但不应将其视为绝对规律。人们对颜色的理解和情感反应是复杂多样的，受到个人经历、文化背景和环境的综合影响。

第三节　纺织品图案色彩设计中主色调的应用

一、主色调的概念及种类

在纺织品图案设计中，主色调指的是产品最后所形成的主要颜色取向，确保了整个产品的整体和统一。主色调设计的好坏，与顾客是否想要购买这款产品有直接联系，也与厂家的经济效益直接挂钩。如何准确地掌握好主色调，是纺织品图案设计者必须关注的课题。

图4-6　爱马仕方巾图案7

按照颜色的特点，可以将主色分为不同种类。

（1）根据色调，可以表现为红色调、绿色调（图4-6）、紫色调、蓝色调等，一般根据颜色占整体面料的篇幅决定，颜色类型所占面积最多的一般就是主色调。

（2）按照明度，可以分为亮色调、中等色调和暗色调，分别以高明度色彩、中明度色彩和低明度色彩为主，如浅黄色调

（图4-7）、中绿色调、暗红色调等。

（3）按照纯度，可以分为艳色调、灰色调和纯灰色调。艳色调含有彩色成分较多，其特点是艳丽、鲜明、强烈（图4-8）；灰色调含有彩色成分较少，其特点是温和、稳定、雅致；纯灰色调由无彩色所组成，它给人的感觉是别致和时尚。

图4-7　盖娅传说2020春夏系列

图4-8　川久保玲（Comme des Garçons）2024春季成衣

（4）根据颜色在视觉上的冷热程度，可以分为冷色调、中性色调和暖色调。冷色带来的是凉爽感，中性色带来的是舒适感，暖色带来的是温馨感。根据不同季节选择不同色调的印染产品，能使人产生一种心理上的平衡。当然，在搭配时，还可以将上述几种颜色组合起来，使其呈现出更丰富的颜色。

由于地域、季节及使用对象的性别、年龄、职业、风俗习惯以及个人审美趣味的差异，纺织品面料的主色调也会呈现出明显的差异。因此，在进行色彩搭配前，设计师应仔细考虑上述几个方面的因素，对主要色调进行分析，这样才能让色调的选择更有针对性，更能满足消费者的喜好。

一般而言，在不同国家、不同民族、不同地区，人们喜欢的颜色和忌讳的颜色各不相同。因此，设计者必须针对纺织品的销路，有针对性地选择主色调。随着季节的变化，人们在选择纺织品的时候，也会注意到色彩的变化，夏天由于气温的原因，人们通常不会选择红色的床单，而冬季则正好相反，为了让自己的卧室有一种温暖的感觉，大多数人都会选择温暖的颜色来获得一种心理上的平衡。风俗习惯也是影响主色调的因素之一，在中国，红色是喜庆色，所以在设计婚庆产品时，包括礼服、床上用品等，红色调无疑成为首选色调。同样，性别、年龄、职业和个人审美情趣不同的人，也会有自己钟爱的色调，如男性一般喜爱比较沉稳、端庄的灰色调和深色调，而大多数女性喜爱漂亮的、亮丽的艳色调和明色调；儿童对鲜艳的黄色、红色等很感兴趣，中老年人则会因为丰富的生活阅历而喜欢沉稳的色调和能展现自己个性的色调。总之，综合考虑以上因素，有目的地选择主色调，设计出的纺织品图案才能契合市场需求。

二、主色调的要素及其相互关系

纺织品图案的主色调由基色、主色、陪衬色和点缀色等要素组成，这些色彩相辅相成、互相作用，在画面上形成一定的对比关系、调和关系和主次关系，处理好它们之间的关系，就能够获得满意的主色调，给纺织品图案增添无限魅力。

（一）基色

基色是指图案中最基础的颜色，通常也是面积最大的底色（除了底色面积较小的满地花图案），它对主色调的形成起着决定性作用。在“地”和“花”的关系上，一般有两种形态，一种是深地浅花，另一种则是浅地深花。在这里，“深”和“浅”是一种相对的关系：当亮度差异较大时，反差较大，主纹较明显；较少的明度差，反差较小，使主要图案更加隐秘，使整体的效果更加柔和。总之，基色的选择要慎重，不能喧宾夺主，因为基色是用来衬托图案的主体部分的，基色一旦确定下来，那么主色、陪衬色、点缀色都要与之和谐一致（图4-9）。

图4-9　古驰（Gucci）丝巾图案

（二）主色

主色是指用来表达主题的颜色。纺织品图案的主题有植物（最常用的花卉）、动物、人物、风景、几何等，这些主题就是图案中的主体形象，其颜色即为主色。与底色相比，主色调一般会选择饱和度较高的色彩，较为醒目，可彰显整个画面的主题。

（三）陪衬色

陪衬色就是用来衬托主体的颜色。从某种意义上来说，陪衬色也可以被认为是连接基色和主色的一种过渡色。正如前文所说，基础色是底色，图案是主体色，主色是花色，陪衬色就是中间的过渡色。在纺织品图案设计中，若底色和主色之间的反差过于强烈，那么选择适当的陪衬色，就能中和这种反差，调和整个画面的效果。若在画面中，基色与花色之间的反差十分微弱，那么可以通过选择拉开色彩明度的树枝、叶子及小团花等元素，去突出主色。此外，陪衬色与主色可以说是宾主关系，主色起到决定性的支配地位，衬托色处于从属地

图4-10 学生作品20

图4-11 拉斯金花卉图案

位，两者应当宾主分明、相互依存（图4-10）。

（四）点缀色

点缀色是指按照一定的要求，用小面幅的色彩补充在适当的位置，起到装饰作用。点缀色一般与其他色彩反差较大：要么色相差别大，使用对比色或互补色；要么明度差别大，使用高明度或低明度色；要么纯度差别大，使用艳色点缀灰色或使用灰色与无彩色点缀艳色。例如，用视觉上有较大差异的黄色来装饰紫色调的画面，可以让图案变得更有生气。点缀色以点或线的形式布置在纺织品上，能使纺织品上的花纹更加生动活泼，具有画龙点睛之效（图4-11）。

通过处理好基色、主色、陪衬色、点缀色之间的关系，能够让纺织品图案拥有明确的主色调，从而达到既对比又调和，既统一又变化的整体配色效果。

三、形成主色调的方法

主色调对纺织品图案的整体效果有着重要影响，设计师除了具备较强的造型技能外，还必须对主色调的构成手法了如指掌，这样才能设计出造型优美、色彩和谐的纺织品图案。形成主色调的方式主要有以下几种。

（1）使用某一种色系形成明显的单色调。在一个色相上加入不等量的黑色或白色，就能够形成明度不一的多个色彩，将它们结合在一起，可以获得整体一致而又层次丰富的单色调。

（2）运用多个邻接色和邻近色，形成柔和的主色调。由于邻接色与邻近色相差不大，很好协调，它们的搭配组合是形成主要色调常用方法。但是，这种方法有一个共同的问题，那就是色彩边界太过模糊，主体形象不够鲜明，解决的办法是采用适当的其他色彩做间隔，使表现对象明朗清晰。

（3）调节颜色区域，形成主色调。若图案中有多种色彩相互冲突，很难将主色调表现出来，那么设计者就应该有意识地将某种色彩所占的区域扩大，并相应地减少其他色彩的应用区域，从而区分出主次，得到主要的色彩取向。

（4）调节颜色的纯度和明度，形成主色调。如果在画面上的色彩对比度太大，那么很难获得统一的主色调。因此，通过修改色彩的相关属性，也就是增加或减少色彩的纯度或明度，就能够实现色彩和谐一致的效果。

（5）通过色彩的穿插形成主色调。主要做法是用同一种颜色对整个画面做勾边处理。在勾线的时候，要注意线条的粗细、疏密、弯曲、长短、虚实统一，这样才能使整个画面形成更加整体的效果。

总之，在纺织品图案设计中，研究和掌握主色调的构成规则和方法是非常重要的。在色彩搭配上还会遇到不同的问题，这就需要我们在实践中不断摸索，不断总结经验。

第四节　纺织品图案色彩设计中流行色的应用

一、流行色的概念及作用

（一）流行色的概念

人们的生活与颜色是密不可分的，颜色在衣、食、住、行的各个方面都有广泛的应用，包括服装面料、服饰配饰、室内装修、室内陈设、室内纺织装饰以及运输工具等，色彩无所不在，将人们的生活装饰得五彩缤纷。然而，人们对于颜色的偏好并非一成不变，会随着时代的发展、社会时尚的变化而变化，这就是为什么颜色有着强烈的时代性、社会性。在一定的时期内，一种流行的颜色可能会被另一种时尚的颜色所取代。

流行色（Fashion Color）的概念是指一个地区或者一个国家在一个时期里为人们所认可和喜爱的一种时尚的色彩，它指的是在某种社会观念的指导下，一种或几种色相和色组迅速传播并盛行一时的现象，是政治、经济、文化、环境和人们心理活动等因素的综合产物，在不同时期表现出差异的主流色彩。流行色发源于欧洲，主要集中在法国、意大利、德国等国家。国际流行色的预测是由位于巴黎的“国际流行色学会”进行的，该学会一年召开两次会议，会议讨论确定未来18个月内的春季、夏季、秋季和冬季的流行色。中国流行色的预测是中国流行色学会根据国际流行色和我国国情而预测的一种颜色的发展方向。

流行色是有周期的，从产生到发展，通常会经历四个阶段，分别是始发期、上升期、流行高潮期和逐渐消退期。其中，流行高潮期被称为黄金销售期，它的持续时间一般为1~2年。纺织产业对流行色的敏感性最强，尤其是服装行业，其流行周期非常短暂，四个时期的总时间演化为5~7年。

（二）流行色的作用

在纺织品图案的设计中，色彩是最主要的因素之一，以其独特的特点和强烈的冲击力，奠定了人们第一印象的基调。具体来说，流行色的作用主要体现在以下几方面。

（1）潮流引导。流行色通常由时尚设计师、色彩专家以及潮流预测机构等领域的专业人士提出和引导。他们通过研究社会、文化、艺术和消费者行为等方面的趋势，提出一种或多种具有代表性的颜色，成为当季或当年的流行色。

（2）应用广泛。一旦某个颜色成为流行色，它就会在各种领域中得到广泛应用，包括时尚设计、室内装饰、平面设计、产品设计等。流行色的影响力通常超越单一领域，渗透生活的方方面面。

（3）反映时代背景和文化。流行色的选择往往与当时的社会和文化背景密切相关。它们反映了人们对于时代精神、社会情绪和审美价值的回应。流行色可以呈现出活力、温暖、自然、未来感等不同的情感和意象。

（4）周期性变化。流行色并不是永恒不变的，它们会随着时间的推移而变化。每年都会有新的流行色出现，旧的流行色逐渐淡出。流行色的周期通常与时尚产业的季节性变化相关，但也受到其他因素的影响，如社会趋势、技术创新、环境意识等。

流行色对于设计师、创意人士和消费者来说都具有一定的指导作用。由于消费理念的转变，人们对潮流的追逐也在日益增多，特别是在家纺设计中。流行色的使用将会引起顾客的注意，进而激发顾客的购买欲望，影响商品的社会价值。例如，在购物中心，相同规格、相同质地、相同款式的服装，当原本流行的颜色过时后，其价值往往会出现几倍的落差，所以流行色的正确运用可以为企业创造可观的经济利益。

二、流行色的形成与把握

流行色主要由以下几个权威机构研究并发布。

（1）潘通色彩研究所（PANTONE）：PANTONE是全球最著名的色彩标准化机构之一，每年发布一种被称为“年度色”的流行色。他们通过研究市场趋势、设计和文化等方面，提出代表当年流行和趋势的颜色。

（2）色彩市场集团（Color Marketing Group，CMG）：CMG是一个国际色彩研究组织，专注于预测和分析全球色彩趋势，他们每年组织全球专家和设计师共同研究和确定未来的流行色。

（3）趋势预测服务提供商（WGSN）：WGSN是全球领先的时尚和设计趋势预测机构，提供市场洞察、时尚趋势、设计灵感等方面的信息，他们通过调研、分析和专业判断来预测流行色。

（4）贝尔油漆（BEHR）：BEHR是一家著名的涂料和色彩公司，每年发布一种被称为“In Color”的流行色系列，以引导室内设计和装饰领域的色彩潮流。

这些机构和公司都在不同领域具有广泛的影响力和专业性，他们通过深入研究市场、消费者行为、设计趋势等因素来提出流行色的选择。他们的研究和预测对于时尚、设计和各行业的专业人士都具有指导作用，帮助其把握当前和未来的色彩趋势。

为了使纺织品面料符合市场需求，设计师们要把握流行色，准确抓住色彩的流行动向，设计出符合潮流的畅销对路的产品。为达到这一标准，设计师们可以从以下方面着手。

（1）了解国际和国内流行的颜色资讯。可以通过报纸、杂志、电影、网络等渠道获取，虽然现在有很多组织都在公布流行颜色，但是为了防止盲目跟风，要选择权威机构。这些组织根据调查得出的流行颜色的资料，都是比较可信的。此外，观看时尚秀也是了解时尚资讯的重要方式。

（2）对市场的变化保持高度的敏感，并进行大量的调查研究。关注顾客在购买纺织品时的反应，利用长期的市场数据的分析与统计以及对颜色的社会调查来掌握顾客对颜色的喜好，用设计者敏锐的眼光挖掘出可能出现的流行颜色，并将其运用到今后的纺织品设计中。

（3）要注意多种因素对时尚色彩的影响，包括政治因素、经济因素和文化因素等。比如，环保问题是近些年的热点，所以近几年的流行色主题很多都是从自然色彩中总结而来的，将这些色彩运用在纺织品上，可以让人返璞归真。

（4）关注各个领域的装饰色彩，为纺织品图案设计颜色的选择提供借鉴。日常观察和发现鞋子、帽子、床上用品等的色彩呈现出某种趋同的趋势，这种趋势极有可能是当下较为盛行的颜色，也适用于织物配饰。

在设计织物颜色时，设计者要对以上几个因素进行全面的分析，努力对下一年或者下一个季度的流行颜色做出最准确的预测，从而使织物能够符合人们的心理需要。

三、纺织品图案色彩设计中流行色的运用

在纺织品图案设计中，流行色的运用起着至关重要的作用，它可以为产品增添时尚感、吸引力，与时代潮流保持同步。作为一名设计师，要善于在产品中灵活地运用流行色，让其与纺织品的图案、款式等其他因素巧妙融合，这样才能达到最佳的艺术效果。要合理地运用流行色，应该注意以下几方面。

（一）把握流行色的主题

通常情况下，流行色的发布都是几个色组，每一种色组又包含了若干种颜色，并以其颜色特点概括出相应的主题和相应的文字说明。例如，PANTONE公布了2023/2024年秋冬的流行色趋势，先锋色分别为温柔桃、玫瑰紫、非凡洋红、红橙色、大丽红、高曝光黄、波斯宝石紫、狂欢节玻璃绿、赭石色、苿绿（图4–12）。就以非凡洋红系列来说，多种相同色调的颜色相配，可以增加服饰的色调，让产品更具层次感，但在运用时不能颠倒过来，非凡洋红应作为占地面积最多的主色调，要凸显出色彩主题。如果使用面积的大小产生变化，其最终呈现出的效果也会截然不同。所以在织物图案设计中，要掌握各种颜色所占的空间，使整体色调符合流行色的主题。

（二）流行色与常用色的组合

常用色指的是一种为大众所喜爱并约定俗成的颜色，其形成具有广泛的基础性，并且很难在大众的审美观念中有所变化。在纺织品图案设计中，既要合理运用流行色，也要注意常用色的运用。流行色虽然具有时尚与新鲜的感觉，但是会很快消失；对于常用色而言，这

是一种较为稳定的颜色，是能够长时间受人青睐的颜色。流行色和常用色相互依存、互为补充，在结合运用这两种颜色时，可以按照纺织面料的用途采用多种方式搭配：设计流行服饰时，其主导色应该是流行色，在较少的面积比例中采用常用色，让整个纺织面料的装饰图案呈现出一种充满时代气息的美。当设计床上用品或其他家用织物时，可以少量采用流行颜色，大量地采用常见颜色。由于家用织物不像衣服一样频繁地变化，因此，使用一些常见的颜色来做装饰，可以起到画龙点睛、相得益彰的效果。

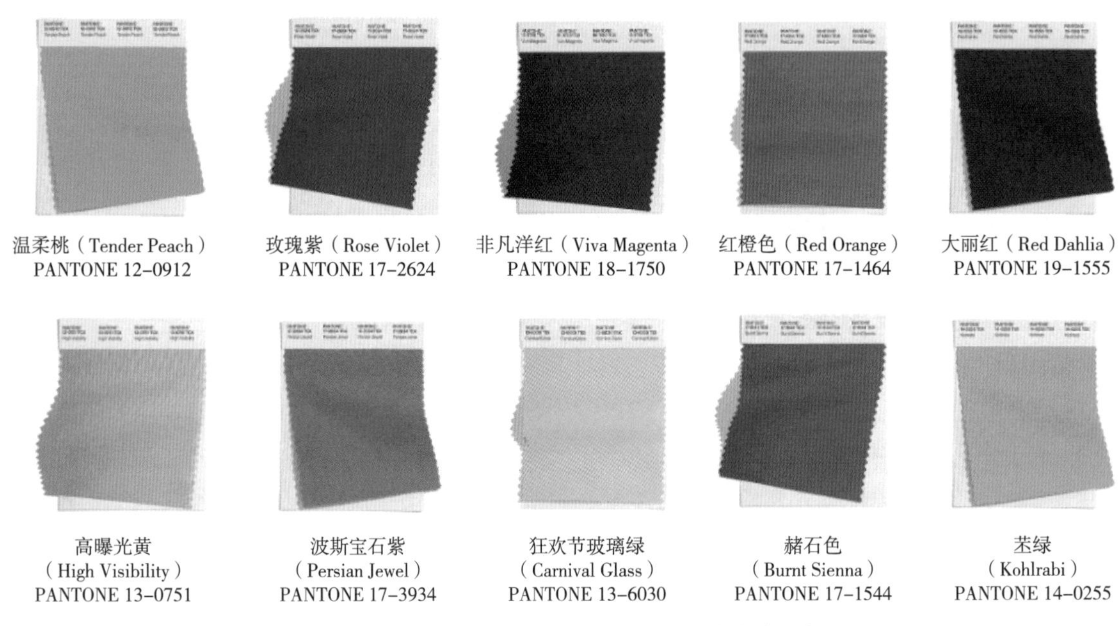

图4-12　PANTONE 2023/2024秋冬十大流行色

（三）流行色和点缀色的搭配使用

点缀色指的是占据区域很小的色彩，假如在纺织品的图案设计中，流行色占据了很大的一部分，那么就可以在合适的地方，利用流行色的互补色或对比色来进行装饰，并且尽可能采用纯度高、对比度强的颜色来进行装饰，这样可以更好地将流行色的美表现出来。

（四）流行色自身的搭配组合

流行色通常由多个颜色组成，因此，在纺织品图案设计中，运用流行色时，既可以单一地使用一种流行色，也可以将同色组的色彩和其他流行色相结合，或是将各组色彩相互穿插使用。需要特别注意的是，在应用单一颜色时，因为颜色比较少，看起来很可能会单调，因此可以从色彩的亮度上进行改变，从而达到增强层次的效果。同色组中各流行色组合时，可以取两种或两种以上的色彩搭配，同时也要适当考虑明度的变化，以达到更加丰富的色彩效果。

不同色组间进行色彩穿插和搭配的时候，要掌握好多色的对比和统一，防止用色混乱，在明确了主色调的前提下，适当地搭配其他颜色，使其达到统一和变化的效果。

【思考与练习】

1. 请简要叙述色彩的搭配方式。
2. 请结合实际案例分析纺织品图案与色彩的关系。
3. 流行色如何形成？如何预测与把握流行色的流行趋势？
4. 请简要叙述主色调的影响因素。
5. 请结合实际阐述流行色在纺织品图案设计中的应用与价值。

第五章　纺织品图案的表现技法

课题名称： 纺织品图案的表现技法

课题内容： 1. 常用技法

2. 特种技法

课题时间： 12课时

教学目的： 主要阐述纺织品图案的常用技法和特种技法，让学生了解到纺织品设计的表现途径，把握纺织品图案的特性，提升认知和运用能力。

教学方式： 理论教学

教学要求： 1. 使学生了解纺织品图案的常用技法。

2. 使学生了解纺织品图案的特种技法。

3. 使学生掌握纺织品图案的表现特征。

4. 要求学生对纺织品图案设计表现有整体把控能力，为后面课程做好铺垫。

在纺织品图案的设计过程中，为了获得一定的艺术效果，设计师经常会运用各种绘画技巧，或者是利用各种工具和材质来绘图，这种特定的绘图方式被称作纺织品图案的表现技法。纺织品图案表现技法可以分成两种类型，一种是常用技法，另一种是特种表现技法。

第一节 常用技法

点、线、面是构成图案的三个基本元素，是设计师运用得最广泛的表达方法。点、线、面的巧妙应用，能为纺织品图案设计带来很多灵感上的启发，产生许多出人意料的视觉效果。

一、点绘表现法

点绘表现法是一种绘画技法，也可以用于纺织品图案设计中，它是由19世纪末的法国艺术家乔治·修拉（Georges Seurat）发展和推广的。点绘表现法的特点是将小而离散的点组合在一起，通过眼睛在视觉上混合这些点来产生色彩和形象。通过密集排列的小点，点绘表现法可以产生出更丰富的颜色和细腻的纹理效果。在纺织品图案设计中，一般通过不同大小、方圆、规则与不规则的点，用于主花的陪衬，去表现纹样一定的层次感和立体感。在设计运用时，首先要确定图案的概念和设计要求，考虑图案的尺寸、颜色、主题和元素等方面。其次，选择适合的点尺寸和形状，再使用不同的颜色、密度和排列方式来排列小点，去创造出丰富的图案效果。通过使用不同颜色的小点，混合和叠加点的色彩，形成所需的颜色和层次感。注意调整点的密度和色彩的混合，以达到所期望的效果。再次，根据设计要求，添加纹理和细节。通过点的大小、形状和排列方式，表达出细节部分。最后，根据需要添加、修改或调整点的位置、颜色和密度，以达到满意的最终效果（图5-1、图5-2）。

图5-1 路易威登（Louis Vuitton）花卉迷你裙

图5-2 路易威登花卉方巾图案

二、线绘表现法

线绘表现法（线描表现法）是一种纺织品图案设计中常用的技法，通过使用线条来表现图案和纹理效果。线有长短、曲直、粗细、疏密之分，线绘表现法是图案设计中最富表达力的技法之一。在纺织品图案设计中，常用密集排列的线构成花的明暗、疏密；用渐变的线条表现花瓣的层次、转折；用撇丝线条描绘花型；用一排排线铺成面的感觉来组成形象或地纹。在具体设计时，首先要确定图案的概念和设计要求，如考虑图案的尺寸、主题、风格和元素等方面。其次，选择适合的线条粗细和类型。可以使用不同粗细的线条，也可以使用不同工具绘制线条，如用勾线笔、叶筋笔、鸭嘴笔、签字笔、钢笔等各种工具绘制线条，还可以用棉线蘸上颜色在纸上压印出斑斑驳驳的线。再次，根据设计要求，在纺织品上绘制线条，可以使用直线、曲线、交叉线、阴影线等方式表现图案的形状、纹理和细节（图5-3、图5-4）。最后，确定线条的颜色。可以使用黑色或彩色线条，根据设计要求和效果选择合适的颜色。在纹理和细节方面，可以通过变化线条的方向、密度和厚度表现纺织品的纹理和细节。例如，使用交叉线或阴影线来模拟纺织品的纹理效果。

图5-3　鄂尔多斯（BLUE ERDOS）丝巾图案

图5-4　路易威登老虎方巾图案

线绘表现法可以创造出简洁、精确和线条感强烈的图案效果，通过掌握不同线条的绘制技巧和应用方式，设计师可以表达出各种风格和情感。同时，根据纺织品的特性和制作工艺，选择适合的线条材质和技术，可以确保图案的质量和可行性。在实践中，设计师可以运用线绘表现法与其他技法相结合，创造出更加丰富和多样化的纺织品图案效果。通过不断的实验和创新，发掘线绘表现法的潜力，为纺织品带来独特的艺术性和个性化设计。

三、面绘表现法

点或线的集、聚合并就是面，而面达到一定的量就产生比点和线更强大的视觉效果。善用面，往往能使画面突出，色彩鲜明。面绘表现法是一种纺织品图案设计中常用的技法，通过使用色块和平面颜色来表现图案和纹理效果（图5-5）。一张白色的纸，或者一块染过的布，就是一个整体的色块，是一个面。如果图案占用的空间非常小，那么留下的地色部分就是一块很大的面；如果花型很密，就需要注意留出地色部分的形状、空间。比如，在染地雕印的图案中，花型之间空出的地色是一个突出的面，在这类图案中，对地色面的颜色的选择往往是起到决定整体效果好坏的重要因素。

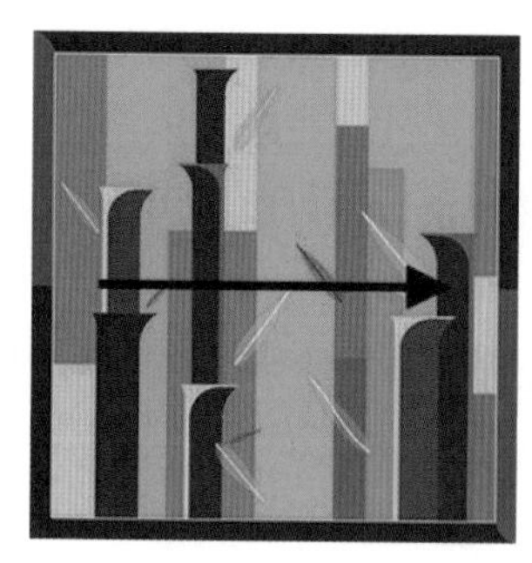

图5-5 羿唐“竹语”方巾图案

面的表现形式有平涂面、装饰面和虚实面等。其中，平涂面即平涂色彩形成块面，分布均匀，无浓淡变化，给人以单纯、简洁的剪影效果，此种方法应注意纹样外形的准确性和生动性。装饰面是在一定的外形里添加各种小的装饰纹理。使之形成面的效果，远看整体统一，近看精致丰富，富有较强的趣味性。与平涂面相比，虚实面有轻重、浓淡的变化，从而形成虚实对比，通常可以采用晕染、枯笔、泥点和撇丝等手法形成块面。

四、点、线、面综合应用法

其实，在纹样设计中，很少有单一的技巧，往往是各种技巧的综合运用。在点、线、面的综合应用中，可采用其中一种方法为主，再将其他两种方法有机地结合起来，从而形成鲜明的对比和强烈的层次。或以面为主体，结合点和线为装饰组合图案。

第二节 特种技法

如果想追求纺织品图案的特殊效果，就要使用一些特种技法，如绘写、拓印、晕染、枯笔、推移、喷洒、渍染、熏炙、烙烫、刻画、拼贴、防染、刮绘、浮彩吸附、电脑绘制等方法。

一、绘写法

绘写法即用各类绘画工具直接描绘图案。绘写法运用自由，可收可放、可粗可细、可刚可柔，丰富多彩，具有很强的表现力。通过绘写法呈现出的纺织品图案风格各异，是纺织品图案设计最基本的技法手段（图5-6、图5-7）。

图5-6 芬迪（Fendi）围巾图案

图5-7 菲拉格慕（Ferragamo）围巾图案

二、拓印法

拓印法是一种使用自然物体的表面纹理或图案来进行绘画的技法（图5-8）。通过将纸或其他材料放在物体表面上，并使用绘画工具（如铅笔、炭笔、彩色铅笔等）在纸上描摹，以捕捉物体表面的纹理和图案。在具体制作上，印拓法首先要筛选具有有趣纹理或图案的物体，如树叶、树皮、石头、纹路明显的纸张等。再准备纸或其他材料，以及绘画工具，如铅笔、炭笔、彩色铅笔等。接着将纸张放在物体表面，使其与物体的纹理或图案紧密接触。再使用绘画工具轻轻描摹物体表面的纹理和图案，同时通过控制力度和速度来捕捉细节。完成描摹后，小心地取下纸张，观察和评估拓印的效果。可以选择在描摹的基础上进一步润色或进行后续的绘画处理。拓印法的优点是能够捕捉自然物体的真实纹理和图案，无论是在现实主义作品中还是抽象艺术中，拓印法都可以为作品增添自然和纹理的元素，使之更加生动和丰富。拓印法的肌理效果质朴、真实、自然、生动，具有拙稚的原始美感，对于创造具有个性的图案十分有意义，也是纺织品图案常用的表现手法之一。

图5-8 花卉拓印面料图

三、喷洒法

喷洒法是一种绘画技法，通过使用喷漆或喷雾颜料在画布、纸张或其他绘画表面上进行喷涂，创造出丰富的纹理、渐变和色彩效果。使用喷洒法绘画时，通常需要以下步骤：首先，选择合适的画布、纸张或其他绘画表面，并确保表面干净、平整。其次，选择合适的喷漆或喷雾颜料，并装入喷枪、喷雾罐或其他喷洒工具中。根据需要调整喷涂工具的压力和喷射模式，通过调整喷涂工具与绘画表面的距离、角度和速度来控制喷涂的效果。较近的距离和较慢的速度会产生更浓密的涂层和色彩，而较远的距离和较快的速度会产生更散漫的效果。通过改变喷涂的角度和运动方式，可以创造出不同的纹理和渐变效果。例如，可以使用交叉喷涂的技巧来产生渐变和过渡效果，或使用遮罩、模板来创造出特定的形状和纹理。

喷洒法是一种需要实践和探索的技术，通过不断尝试不同的喷涂技巧、颜料和工具，以发现独特的创作方式和个人风格。可以尝试涂抹、叠加、混合不同的颜色和材质，以及结合其他绘画技法等方式来丰富作品。

四、拼贴法

拼贴法是将不同的材料和图像剪切、粘贴或组合在一起，创作出新的图像或图案。这些材料可以包括纸张、杂志剪报、布料、照片、贴纸、细节部件等（图5-9、图5-10）。拼贴法常用于绘画、插画、手工艺品、海报设计和时尚设计等领域。使用拼贴法时，首先要收集所需的材料，如纸张、剪报、照片、贴纸等。再根据主题、颜色或形式选择材料，以便在图案中获得一致性或视觉冲突。接着确定拼贴作品的主题、形式或风格，并在心中或纸上进行构思和规划，可以通过绘制一个草图或简单的轮廓来指导拼贴的排列和布局。接下来，根据设计的构思，使用剪刀、刀具或撕纸的方式将材料剪切成所需的形状和大小，也可以在纸张上

图5-9　棉布拼贴

图5-10　毛毡拼贴

涂抹颜色、纹理或细节，以增强材料的视觉效果。根据构思和设计，在纸张、画布或其他绘画表面上开始拼贴，即使用胶水、胶带或其他黏合剂将材料粘贴在所选的表面上。拼贴时，可以尝试不同的排列方式，也可以重叠、重复或重组材料，以达到所需的效果。完成初步的拼贴排列后，可以进行调整和润饰，通过添加细节、线条、绘画或其他装饰元素，完善图案并增加个性和深度。

拼贴法的魅力在于可以利用各种材料和元素，创造出独特而富有表现力的纺织品图案，它允许设计师通过组合不同的图像、纹理和颜色表达自己的创意和情感，同时也可以用于探索和发现新的视觉效果和艺术风格。拼贴法为设计师提供了创造和自由的空间，让其能够发挥想象力，创作出个性化和富有表现力的纺织品图案。

五、晕染法

晕染法是一种绘画技法，通过将不同的色彩或色调渐变融合在一起，创造出柔和、流畅的过渡效果。这种技法常用于绘画、插画、数字绘图和艺术设计等领域，可用来绘制光影、天空、自然景物等（图5-11）。操作时，首先选择所需的颜料，可以是传统绘画颜料，如油画颜料、水彩颜料，也可以是数码绘画软件中的颜色。接着选择两种或多种相近的颜色，并在调色板上将它们放置在一起，确保颜色之间的过渡平滑，并有足够的空间来混合它们。然后开始湿润画面，即将绘画表面涂湿，以便颜料更容易在上面进行渐变和融合。可以使用水刷或喷雾瓶轻轻湿润表面。接着使用刷子、海绵、棉球或其他工具，从一个颜色开始，轻轻地将颜料涂在画面上。在颜料的边界处，尽量使用轻柔的手法，以避免明显的颜色分界线。在颜料未干的情况下，轻轻地在相邻颜色之间使用轻拂、晕染、涟漪或交叠的手法进行颜料的混合。这样可以使颜色过渡更加自然。最后根据需要，可以根据颜色的亮度、对比度和深浅进行调整和修正。可以使用干净的刷子或棉球轻轻晕染或涂抹来实现所需的效果。

图5-11　第六届“震泽杯”铜奖面料设计作品

通过晕染法可以创造出柔和、流畅、逼真的色彩过渡效果，这种技法需要练习和耐心，掌握颜料的混合和控制是关键。设计师可以根据自己的创作需求和风格，运用晕染法来实现不同主题和效果的纺织品图案。

六、枯笔法

枯笔法是指使用干燥的笔刷或画笔在绘画表面上进行绘制，以营造出粗糙、粗细不均、

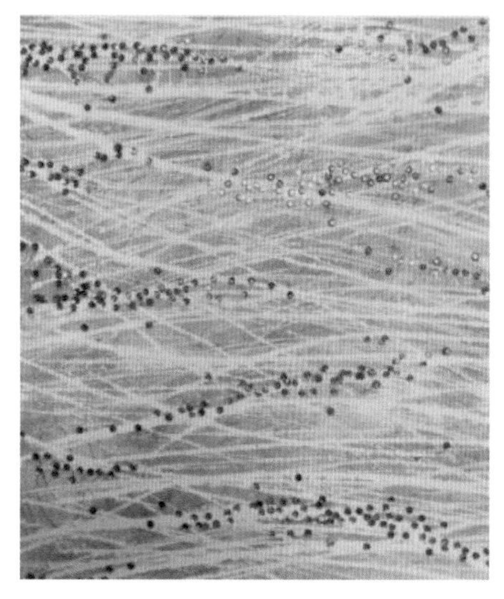
图5-12 枯笔法线条纹理运用

有质感的纹理和效果。在具体操作上，首先选择合适的绘画表面，如画布、纸张或绘画板。再准备所需的干燥笔刷或画笔，选择具有硬毛或磨损的笔刷，这样可以更好地控制笔触和纹理。使用干燥笔刷或画笔要控制好颜料的量，尽量使笔刷保持较为干燥的状态，以便更好地在绘画表面上创作出纹理和细节。

绘制时，可以尝试从不同的角度和方向来创造不同的纹理效果，通过多次重复和叠加笔触，逐渐创造出所需的纹理和效果（图5-12）。在绘画过程中，可以使用干净的刷子或抹布轻轻调整和润饰绘画表面的细节，以创造出更丰富的纹理和质感。另外，如果笔刷上含色饱满并且在粗纹纸上快画，也会产生飞白，这种效果特别适合表现树干、水波、斑迹等，可以体现物体的光感、质感和力度感。

七、熏炙法

熏炙法是指使用热源对绘画表面进行局部加热，以创造出烧焦、熏黑或焦痕效果的方法，有时偶尔炙焦的破损状态，也能提供某些意外的美的灵感，以下是熏炙法的基本步骤和技巧：首先准备一个热源，可以是火炬、蜡烛、烧瓶或加热枪等。同时，确保有足够的安全措施，如在通风良好的环境下工作，使用防火和防护装备。接着选择适合熏炙法的绘画表面，如绘画纸、画布、木板等，熏炙法用于不同的表面材料会产生不同的效果。然后使用热源在绘画表面上进行局部加热，可以将热源悬停在绘画表面上方，或者将热源轻轻接触绘画表面以产生热痕。可以根据需要控制加热的时间、距离和强度，以达到理想的熏炙效果。通过熏炙法，可以在绘画表面上创造出烧焦、熏黑或焦痕的纹理和深度。通过调整热源与绘画表面的接触方式和时间，以及控制热源的运动和温度，可以实现不同的纹理效果。在熏炙法操作完成后，可以对作品进行修饰和润色。可以使用颜料、绘画工具或其他材料对熏炙效果进行进一步的润饰和增强。需要注意的是，熏炙法涉及使用热源，所以在进行熏炙技法时需要特别小心，以防止火灾或烫伤。应确保在安全环境下进行，并严格遵循安全操作和预防措施。

熏炙法可以为纺织品图案设计增添独特的纹理和质感，创造出独特而有趣的效果。设计师可以根据自己的创作需求和风格，灵活运用熏炙法来增加图案的视觉吸引力和表现力。

八、烙烫法

烙烫法是使用烙铁或烙印工具对绘画表面或材料加热，以在上面创造出烙印、烧痕或纹理效果的方法。其主题既可以是植物、动物、建筑、风景之类的照片，也可以是古典图案、传统图案等。烙烫法的基本步骤和技巧如下：首先准备一个烙铁或烙印工具，确保工具的质量和安全性。同时，运用烙烫法时需要采取适当的防护措施，如佩戴手套和在通风良好的环境中工作。接着选择适合采用烙烫法的绘画表面，如绘画纸、画布、木板、硫酸纸、皮革等。烙烫法用于不同材料会产生不同的效果。使用烙铁或烙印工具在绘画表面或材料加热时，将工具轻轻接触表面或者压在表面，以产生烙印、烧痕或纹理效果。根据图案的需要，可以调整加热的时间、温度和压力，以达到所需的效果。通过烙烫法，可以在绘画表面或材料上创造出独特的纹理和深度效果。

需要注意的是，烙烫法涉及使用加热工具，所以在进行烙烫时需要特别小心，以防止火灾或烫伤。应确保在安全环境下进行，并严格遵循安全操作和预防措施。烙烫法可以为图案增添独特的纹理和质感，创造出独特而有趣的效果。设计师可以根据自己的创作需求和风格，灵活运用烙烫法来增加图案的视觉吸引力和表现力。

九、刻画法

刻画法是通过使用刀具或其他雕刻工具，在绘画表面或材料上进行雕刻、切割或刻线，以创造出纹理、形状和细节，可获得类似铜版画的艺术效果的方法。刻画风格可精美细致，也可粗犷豪放。以下是刻画法的基本步骤和技巧：首先根据创作需求选择合适的刀具或雕刻工具，如刻刀、雕刻刀、木刻刀等。确保工具的质量和锋利度，以便更好地进行雕刻和切割。接着选择适合采用刻画技法的绘画表面，如绘画纸、画布、木板、雕塑材料等，不同的材料可能需要不同类型的刀具和技法。然后使用刀具或雕刻工具，沿着设计的轮廓或纹理进行切割、雕刻或刻线。可以控制刀具的压力和角度，以控制线条的粗细、深度和质感。逐渐建立起所需的纹理、形状和细节。刻画过程中应及时清理多余的材料碎屑或刻线，以保持画面的整洁和清晰度。

刻画法需要设计师的细致触感和对刀具的掌控力。通过切割、雕刻和刻线等技法，可以创造出独特的纹理、形状和细节，使画面更具表现力和视觉效果。另外，画纸上可以多次、多层涂上不同的色彩，然后使用不同的力度刻画，随着刻画深浅的不同，可以产生丰富的效果。

十、防染法

手工染织中的扎染和蜡染就是典型的防染法。

（一）扎染

扎染是一种纺织品染色技术，通过将织物捆绑、折叠、绑扎或捏揉，然后将其浸泡在染料中，以在织物上创造出独特的色彩图案和纹理效果。扎染可以应用于各种纺织品，如衣物、床上用品、围巾和家居装饰品等（图5-13）。以下是扎染的基本步骤和常用技巧：首先选择适合染色的织物，如棉布、丝绸或麻布等。接着准备所需的染料，可以是传统的织物染料，也可以是染料颜料或染料墨水。除此之外，还需准备捆绑或绑扎织物所需的材料，如绳子、橡皮筋、皮带、木棒、植物叶子等，这些材料主要用于在织物上形成捆绑的

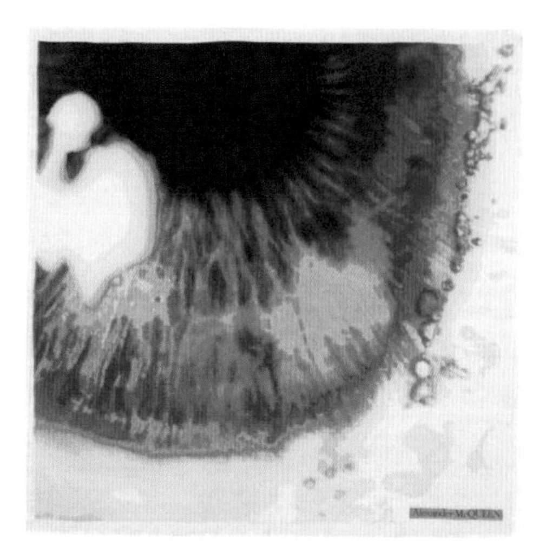

图5-13 亚历山大·麦昆（Alexander McQueen）披肩图案

区域，使染料无法渗透。接下来，根据图案的需要使用捆绑材料，在织物上捆绑、折叠、扭曲或捏揉，以创造出所需的纹理和图案。在技法上，可以尝试不同的捆绑方式和技巧，如环形扎染、斑点扎染、螺旋扎染等。捆绑好后，将准备好的织物放入染料中浸泡，确保染料充分渗透捆绑的区域。染色时，可以使用多种颜色的染料，或在染色过程中将织物转移到不同颜色的染料中，以创造出更多的层次和变化。最后完成固色、清洗和保养等步骤即可。

扎染技术的魅力在于其独特的图案和色彩效果，每一件作品都是独一无二的。通过控制捆绑的方式、染料的选择和处理，设计师可以创造出丰富多样的扎染效果。

（二）蜡染

蜡染是一种传统的纺织品染色技术，通过在织物上涂抹蜡或蜡浆，形成防染图案，然后将织物浸泡在染料中，最后去除蜡，以创造出独特的图案和色彩效果。蜡染起源于印度尼西亚，是许多东南亚国家的传统艺术形式。以下是蜡染的基本步骤和常用技巧：首先选择适合蜡染的织物，如棉布、丝绸和准备熔化的蜡或蜡浆。接着根据设计意图，在织物上涂抹蜡或蜡浆，形成防染图案。防染图案完成后，将织物浸泡在染料中并确保染料充分渗透织物的非蜡涂抹区域。染色时，可以使用多种颜色的染料，或在染色过程中将织物转移到不同颜色的染料中，以创造出更多的层次和变化。完成染色后，去除蜡以展现出蜡涂抹区域的原始颜色。可以通过熔化蜡的方法，如烫热、熨烫或漂洗等，使蜡熔解并从织物上去除。最后要完成固定染料和清洗工作，即根据染料的要求，将染色完成的织物进行固定处理，以保持染料的耐久性和稳定性。再彻底清洗织物，以去除多余的染料和杂质。

蜡染跟扎染一样，最终图案具有很强的偶然性。蜡染中最具有特点的纹理就是龟裂纹，也称冰纹，它是在制作的过程中，防染剂蜡通过自然龟裂或人工龟裂后染色而形成。由于蜡染图案丰富、色调素雅、风格独特，通常用于制作服装服饰和各种家纺用品，朴实大方、清新悦目，极具民族特色（图5-14）。

十一、浮彩吸附法

浮彩吸附法通过在湿润的绘画表面上浮涂颜料，然后让颜料在湿度逐渐降低的过程中吸附、扩散和混合，以创造出柔和的过渡和渐变效果（图5-15）。

图5-14　劳伦斯·许作品——苗族蜡染系列

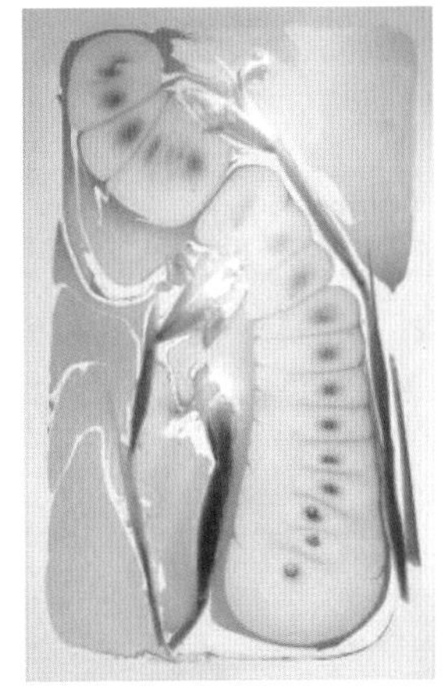

图5-15　浮彩吸附法花卉表现

具体操作：首先选择合适的水彩颜料和绘画表面，如水彩纸或绘画板，另外准备好刷子、海绵或其他适合浮涂的工具。接着在绘画表面上均匀涂抹水或湿度调节剂，以保持表面湿润。这样可以延缓颜料的干燥速度，使其有足够的时间在表面上扩散和混合。再使用刷子或其他工具，在湿润的绘画表面上浮涂颜料。通过使用不同的颜色和浓度，创造出所需的效果。浮涂的颜料一般是相对稀薄的，在湿润的表面上能够自由扩散和混合。一旦颜料开始在湿润表面上扩散和混合，就可以轻轻调整或控制颜料的扩散方向和程度，以达到所需的渐变和过渡效果。之后，可以使用吹风机或放置在通风良好的地方，让绘画表面逐渐干燥，固定成型。

浮彩吸附法充分利用水彩颜料在湿润表面上的自由扩散和混合特性，创造出柔和、渐变和透明的效果。这种技法需要设计师具有对颜料的控制能力和湿度的把握能力。通过观察、实践和探索，设计师可以掌握浮彩吸附法的技巧，并将其应用于纺织品图案中，以增加作品的表现力和艺术效果。当然，这种技法具有一定的随机性，需要反复尝试才能成功。

十二、刮绘法

刮绘法通过使用刮刀、刮片、刀片或其他硬质工具，在绘画表面上刮擦或刮去颜料，以创造出纹理、形状和细节。这种技法可以应用于各种绘画媒介，如油画、丙烯画和水彩画等，可以增加作品的层次感、纹理效果和视觉吸引力。具体操作：首先选择适合的绘画媒介，如油画颜料、丙烯颜料或水彩颜料等，再准备刮刀、刮片、刀片或其他硬质工具和合适的绘画材质，如画布、纸张或绘画板等。绘画时，先使用刷子、刮刀或其他工具将颜料涂抹在绘画媒介的表面上，再使用刮刀、刮片、刀片或其他硬质工具，在颜料尚未完全干燥之前，轻轻地刮擦或刮去颜料。可以通过控制刮绘的力度、角度和方向，创造出所需的纹理、形状和细节。在技巧上，可以尝试不同的刮绘技法，如水平刮、垂直刮、斜刮或交叉刮，以达到所需的效果。在刮绘过程中，需要及时清理多余的颜料和杂质，以保持作品的整洁和清晰度。

刮绘法可以为纺织品图案增添独特的纹理、形状和细节，创造出丰富多样的视觉效果。通过控制刮绘的力度、角度和方向，设计师可以自由地创造出自己想要的纹理和效果。刮绘法需要设计师具有对工具和颜料的掌控力和敏感度，通过观察和实践，设计师可以不断探索和发展刮绘技法，将其应用于纺织品图案的设计中，从而增加作品的表现力和艺术性（图5-16）。

图5-16　麦奎斯奥美达（Marques' Almeida）2020秋季成衣

【思考与练习】

1. 结合实际图例阐述常用表现技法在纺织品图案设计中的运用形式。
2. 阐述特种技法的表现特征。

第六章 纺织品图案设计与现代纺织工艺

课题名称： 纺织品图案设计与现代纺织工艺

课题内容： 1. 印花工艺与图案设计
2. 提花工艺与图案设计
3. 绣花工艺与图案设计
4. 织花工艺与图案设计

课题时间： 12课时

教学目的： 主要阐述四种现代纺织工艺与图案设计的关系，使学生了解现代工艺对纺织品图案设计的制约与助推，理解不同工艺下图案设计的方向与特点，提升学生设计的可实现能力。

教学方式： 理论教学

教学要求： 1. 使学生理解印花工艺对图案设计的制约关系。
2. 使学生理解提花工艺对图案设计的制约关系。
3. 使学生理解绣花工艺对图案设计的制约关系。
4. 使学生理解织花工艺对图案设计的制约关系。
5. 使学生对纺织品工艺有整体把握，为后面课程做好铺垫。

第一节 印花工艺与图案设计

印花是一种将图案、图像或文字符号印刷在纸张、织物、塑料、金属等材料表面的技术或工艺。印花可以通过不同的方法来实现，包括传统的平网印花、圆网印花，以及现代的数码印花等。印花被广泛应用于家纺产品、衣物、装饰品、海报、包装材料等各个领域，可以为产品增添美观性、个性化和艺术性。无论是传统的手工印花，还是现代的数码印花，都是一门重要的工艺，为各类产品带来独特的魅力。

印花图案设计与整体制作过程是上下承接的。花型设计师供应产品的图纸，经过加工制造，将花纹体现到面料上，使之成为一种集艺术与科技于一体的印品。设计者和制造者之间的关系是非常紧密的，也是互相牵制的。要想设计出好的印花布，设计师必须掌握几种印花布的制作方法，并对各领域有一定的了解。

一、我国各时期家纺印花图案的特点

（一）中国传统家纺印花图案

在中国传统印花工艺中，手绘、夹缬、蜡缬、扎缬、凸版印花和镂空版印花的出现、成熟与发展经过了一个漫长的时期。在此期间，人们创作出了许多极富民族特色的染色和织造图案，其中以蓝色印花最为突出。在近代以前，蓝印花布图案在人们的外衣头饰、内衣肚兜、靴履包袱以及儿童的帽、裙、斗篷等方面得到了广泛使用，特别是在床褥帐幔、椅垫桌盖等大件的室内纺织品中，也被广泛使用。

图6-1 学生作品22

传统家用纺织品图案的题材多样，内容丰富，构图饱满，风格古朴飘逸。在传统图案中，经常使用寓意及谐音的手法来表达人们对美好生活的追求与向往。比如莲加鱼的组合就是“年年（莲）有余（鱼）”（图6-1），莲子、花生和桂花的组合就是“连（莲）生贵（桂）子”，大象和如意的组合就是“如意吉祥（象）”，蝙蝠、鹿、桃子和喜鹊的组合就是“福（蝠）禄（鹿）寿（寿桃）喜（喜鹊）”，喜鹊落在梅花上的形象就是“喜上眉（梅）梢”。松鹤长青图的门帘，寓意长命百岁；以牡丹为主题的被褥，寓意非富即贵；一对鸳鸯戏水的花枕寄予了对新人深深的祝福。在这类图案中，也有很多体现了劳动人民生产、生活、狩猎、娱乐活动的场景，以及他们对幸福美满生活的憧憬，比如五谷丰登、丰衣足食、和睦恩爱、龙凤呈祥、喜庆盈门、天下太平等。除此之外，还有各种花卉，如水仙、兰花、牡丹、芙蓉、桃花、锦葵、山楂花、秋菊、石榴花、梅花；各种动物，如狮、虎、象、猪、牛、羊、鱼、孔雀、仙鹤、蝴蝶；各种器物，如花瓶、香炉、桌子、椅子、梳子、八仙的扇子、剑、渔鼓、玉盘、笛子、花篮等；以及人们心中的各种神兽，如龙、凤、麒麟等，这些都被用来表达人们对美好事物的向往之情。

蓝印花布图案大多呈以下构图形式：活泼的满地散花、严谨端庄的四方均衡式构图、横条竖条、活泼又不失稳重的四周边框加中间散花、下边条花上面散花或独幅纹样。总的来说，近代以前的家用纺织品多为民间工场或家庭作坊，花型主要呈系列配套的模式。

（二）中国近代家纺印花图案

鸦片战争后，外来的机织织物进入中国，外商也逐步在我国开办印染厂，对蓝印花布及农村土布形成了极大的冲击。为重振民族工业，上海、青岛、天津等地的民族资产阶级先后创办了纺织印染厂。与传统的印花织物相比，机织织物在图案的颜色表达、构成方式等方面都有了很大的改变。但是，有许多织物的图案不能用机器印刷，尤其是家庭用的单独纹样的织物，如门帘、床单、桌布、毛巾等，仍然需要人工使用镂空型版的印花工艺印刷。

这个时期的家用纺织品图案及色彩非常丰富，如滚筒印花的大花被面，色彩极其艳丽、对比强烈，一般采用大红为地，并布以散点形式，具有很强的立体感，表现非常真实的团簇花朵纹样。图案以大型花卉（如牡丹、玫瑰、大丽、菊花等）为主，辅以各类小花，再点缀一些大众喜爱的动物、神兽（如龙、凤、麒麟、鹤、孔雀、金鱼、蝴蝶等），或运用一些象征吉祥和期盼的器物（如花篮、笛子、花瓶、玉器、折扇等）（图6-2）。

图6-2　近代家纺印花图案

在这一时期，床单、毛巾类产品的大部分都是以镂空型版印制的，在图案的套色上比以往更丰富，色彩的对比也较为强烈，主题上也以大型花卉（如牡丹、月季、大丽等）为主，还常常搭配一些寓意吉祥的动物和器物图案。为了使床单图案更加丰富，对每个单一的产品都有严格的控制，从而减少工人的劳动强度，先将床单织成格、条图案的坯布后再进行印花，这样床单的整体图案布局就显得比较充实和丰满。

这一时期的家纺印花图案不仅形式多样，而且具有很好的吉祥寓意，这一时期也是纹样发展史上较为注重图案含义的时期。图案有大花朵与小型花草构成的花簇，也有龙、凤与牡丹百花的搭配，有月季花束加满地印花的组合，也有花环围绕的山水风景，有屏风排列的四季花卉，也有回纹贯串的双狮嬉戏。毛巾图案也非常丰富，有国画图案、几何图案、动物图案、卡通图案等，琳琅满目、不胜枚举。

（三）中国现代家纺印花图案

从上海床单业在20世纪60年代首次开发出网动式平网印花机，到1987年武汉床单业首次引进瑞士特宽幅平网印花机，中国床单和毛巾类产品在花型上有了质的飞跃，印刷的品质也有了很大的提升。此阶段的纺织品图案，因为机器的优越性能，花型更为精细，表现手法更为丰富。原本在床单、毛巾类图案设计中不常出现的细线、交叉的长线条、密集的小点、较大面积连接的块面，这一时期都可以自由应用，图案品类也随着工艺的提升而越来越丰富。如原本镂空型版印制的床单图案，大多都是在四个角花中间加上一个中心花，有时候还会在两个角花之间加上几朵小花或纹样，而毛巾类图案也是在坯布的两头分别刷印上相同但倒置的纹样。而通过筛网印花，就可以大量地使用印花，从而凸显图案的独特风格，表现出图案的丰富层次。大量印花的运用，是筛网印花和镂空版印花在图案形式上最大的不同。

20世纪80年代初期，国内家纺行业掀起产品革新浪潮，家纺图案在造型、技巧和色彩表达等方面达到了一个新的高度。此时，加入横条、竖条、斜条、散条等形式元素的中式床单花样层出不穷，为设计者创造了更为广阔的发挥空间，对传统构图的图案进行了重塑，以一种独立纹样的形式引发了中式床单图案的变革。这种构图形式床单图案的形成，对企业工艺技术水平、设备能力的提高也有很大的影响，而这反过来又推动了图案设计水平的发展。在这个阶段，床单、毛巾类图案中各种花卉的题材仍然占据着绝对的优势。与此同时，也有了写实、变形与抽象的风景图案，以及仿剪纸图案、仿古代名画图案、卡通图案、动物图案及人物图案，毛巾类产品还采用了大刮底工艺，让产品的创作与设计变得更加自由。这一时期对纹样的主题、样式、手段都有较少的限制。

自从20世纪80年代我国首次引入了圆网印花机后，家用纺织品的生产和销售进入了一个新的高峰期。同样是连匹生产，由于圆网的网长明显大于滚筒的网长，所以生产的宽幅印花布极适合用于家用纺织品。圆网设备生产的连续性和特殊的幅宽给了设计师更多的创造空间。在这个阶段，图案设计仍然以花卉为主体，同时出现了很多的规则、扭曲、变形的几何图案，如典雅端庄的仿古典图案、自由飘洒的抽象图案、简约大方的条格图案等，这些都说明了在这个阶段图案创新的速度与高度。

二、织物印花的类型

（一）按生产设备分类

1.平网印花

平网印花，又称平网版式丝网印花，是指将涤纶丝网绷在框架上，通过感光工艺处理，得到印刷图案，从而制作成镂空花纹的网框。印刷时，先把织物平铺在有一定长度并有弹性的台子上，再把网架平铺在面料上，框内加色，用橡皮刮刀在丝网上刮浆，使色浆透过网孔在织物上印出花纹。

2.圆网印花

圆网印花是一种采用无接缝圆筒形筛网进行印花的方法，其特征是采用圆形网片连续转动进行印花，不仅能保留筛网印花的特点，而且能提高印花效率。圆网印花的核心元件为无缝镍质圆网，一般采用电铸造工艺制成，网孔一般为六边形。圆网印花版一般采用感光方法制成，圆网印花可以印刷规则的几何图形、弯曲的细线、精致的植物纤维、动物的皮毛，还有放射状的长线等图案。最终印品印刷效果好，色彩鲜艳，花纹线条分明。在进行图稿设计时，若图的径向尺寸与圆网的周长相同，只需将图的径向规格尽可能地与圆周相匹配，这样在制版时的描稿阶段就能很容易地解决接版时可能发生的一些问题。

3.辊筒印花

辊筒印花是一种常用的纺织品印花技术，用于将图案或图像印在纺织品上，它是一种连续印花方法，利用旋转的金属辊筒（印花辊）上的凹凸图案将颜料或染料传送到纺织品上，从而实现高效率的大规模生产。辊筒印花具有生产效率高、图案清晰度好、色彩丰富等优点，适用于大规模生产纺织品，如服装、床单、窗帘和家居用品等。这种印花方法广泛应用于纺织工业，并在纺织品设计和生产过程中扮演着重要角色。

4.转移印花

转移印花是一种经转印纸将染料转移到织物上的工艺过程。首先，将印花染料和辅剂配制成有色墨剂，用辊筒印刷的方法，制成一种有图案的转印纸。其次，将转印纸和织物紧紧地结合在一起，然后对其进行加压加热。这样转印纸上的染料就会被转移到织物上，从而形成一种精致的图案。转移印花的工艺有升华法、熔化法和脱墨法。

5.数码印花

数码印花工艺是指将图案用一些数字化手段导入计算机中进行分色处理之后，利用专门的软件将各种染料直接喷印到不同的织物或其他介质上，再经过加工处理后，就可以得到所需的各种高精度的印花产品（图6-3）。数码印花工艺在20世纪后半叶就已经出现，但是由于受当时计算机技术的制约，一直没有得到发展和普及。21世纪，人们越来越重视环保节能，数码印花的绿色环保、色彩丰富、快速便捷等特点，已经成为纺织生产工艺的主要发展方向，同时也为纺织品图案设计提供了一个新的施展平台。

图6-3　数码印花产品

与传统印花相比，数码印花有着显著的优点和特色，它不需要在制作过程中进行分色描稿、制片、晒版、配色、调浆、烘干等工序，流程非常简单，既大大减少了打样的时间，还能减少费用成本。数码印刷图案色彩丰富、表现能力强，可以印刷出效果逼真、艺术质量高的图案。印花后的织物具有柔软、亮丽、多层次、透气性良好等特点。

（二）按生产工艺分类

1.直接印花

直接印花是指将含有糊料、染料（或颜料）、化学药物的色浆直接印在白色或浅色的织物上，无须经过传统的制版或转移纸等中间步骤，而获得各种图案的印花方法。直接印花与传统的染色印花有所不同。在传统的染色印花中，染料被吸收到织物的纤维中，而且颜色也可能渗透到织物的背面。而在直接印花中，墨水或颜料附着在织物表面，可以直接形成图案或图像。

2.拔染印花

拔染印花是一种特殊的纺织品印花技术，也被称为“脱色印花”或“染抹印花”。在这种印花方法中，通过对染色的织物进行特殊处理，将原有的颜色或染料部分去除或减淡，然后添加新的颜色或图案，这样可以在织物上形成各种有趣的图案或设计效果。拔染处理时可以使用化学品或特殊染料移除原有的颜色，这一步骤的目的是减淡或去除部分染色，以便新的颜色或图案能够更好地覆盖。在拔染处理后，将新的颜色或图案添加到织物上时，可以使用多种方法，如手工涂抹、印花工艺或数码喷墨技术。完成印花后，需要对织物进行固色处理，以确保图案牢固地附着在织物上，并且保证在洗涤和穿着中不褪色（图6-4）。拔染印花技术可以产生独特且富有艺术感的纺织品，因为每一件印花的效果都可能因手工操作而略有不同。这种印花方法常用在时尚设计、家居装饰等领域，用来制作具有艺术性和时尚感的纺织品（图6-5）。

图6-4　拔染印花

图6-5　三宅一生（ISSEY MIYAKE）男士拔染衬衫

3.烂花印花

烂花印花也称烧花印花，一般在多种纤维交捻或混纺的织物上印花，其中一种或几种纤维是耐腐蚀的。在印花色浆中加入硫酸等腐蚀剂，印花经特殊处理后，不耐腐蚀的纤维被去掉，从而形成一种半透明的图案效果。在印花色浆中加入耐受腐蚀的染料，印出的为有色透明图案。采用烂花印艺工艺印制的产品色彩柔和、晶莹通透，极具高档感（图6-6）。

图6-6　迪赛（Diesel）牛仔烂花

（三）按印花染料分类

1.酸性染料

酸性染料是一类广泛应用于纺织品染色的染料，这些染料在水中呈酸性或酸性盐的形式，因此称为酸性染料。它们可以与纤维的阳离子或羟基反应，使染料分子牢固地附着在纤维上，从而实现持久的染色效果。酸性染料在纺织品行业中应用广泛，特别适用于羊毛和丝绸等天然纤维的染色。酸性染料提供了丰富多彩的色彩选择，并具有相对较高的染色效率和色牢度，是纺织品染色中常用的染料类型之一。

2.直接性染料

直接性染料是一类能溶解于水的染料，可以不需要使用任何媒介或助剂而直接与纤维结合。直接性染料具有良好的溶解性，可以在水中形成稳定的染色液，适用于天然纤维（如棉、麻、丝绸、羊毛等）和一些合成纤维（如粘胶纤维）等面料的染色。

3.分散性染料

分散性染料是广泛应用于纺织品染色的染料，因为其在水中几乎不溶解，所以称为分散性染料。这种染料主要用于给合成纤维染色，如涤纶、腈纶、醋酸纤维等。由于分散性染料是不溶于水的，所以不适用于天然纤维的染色，如棉、丝绸、麻等。分散性染料会在水中形成非常小的颗粒，这些颗粒能够悬浮在水中而不溶解，因此需要使用分散剂将染料颗粒分散在染色液中。

分散性染料染出的面料染色效果均匀，且对合成纤维的亲和性较好，从而使染色的牢度较高。但由于分散性染料需要在高温下染色，所以对设备的要求较高，一般需要使用高温染色设备。分散性染料对阳光辐射有较好的耐光性，不易褪色，因此产品适合户外使用。

第二节 提花工艺与图案设计

图6-7 盖娅传说2019'缂丝女装

纺织品提花工艺起源于中国，其图案运用经线和纬线在织机上交织织造而成，不同的组织互相结合搭配形成不同的表皮肌理，因此纺织品提花工艺的外观特点为织物表面具有凹凸感、高低错落的纹路。自中国古代对外文化交流以来，纺织品提花工艺就一枝独秀，它以绚丽独特的外观吸引了许多海外人士，在我国流传千年，绵延至今，仍然璀璨。

纺织品提花属于纺织品总类中的一大类别，提花工艺对纱线原料的品质有较高的要求，因此它常被用于制作高档的服装面料和家纺面料，经常出现在各大国际服装品牌每季的时尚发布会（图6-7）以及国际家纺装饰展览中。与其他纺织品相比，纺织品提花的区别和独特性还体现在纺织品提花面料是由不同的提花组织组成的。提花组织在纺织品提花中占据着重要地位，这也是提花织机织造工艺的关键点。直到现在，数字化提花织机中的计算机工作程序使用的仍然是传统纺织品提花织造工艺的基本原理。

纺织品提花工艺经过了几千年的发展、改进和革新，所使用的原料从传统的棉、麻、丝、毛等天然的原料发展到现在的各种人造纤维。纺织品中的提花种类非常丰富，按照组织结构和工艺的不同，可分为绫、罗、绸、缎、缂丝等，图案的主题也五花八门，有人物、自然风光、植物、花卉、动物、字画等。提花工艺现在已经朝着工艺简便、风格多样、审美层次分明的方向发展，以使更多的人能够享受到纺织品提花产品的乐趣。

一、提花织物的基本特点

从春秋战国时代开始，我国就已经形成了一套比较完备的纺织品提花技术，并在后世不断改进、创新的基础上，日益成熟。提花织物不仅广受大众喜爱，还作为纽带为中国古代的对外文化交流做出了卓越的贡献。

在历朝历代的发展中，纺织品提花技术并未受其他类型织造技术的影响，而是与其他类型织造技术共同发展。纺织品提花织造工艺技法不断发展，加快了花型设计的发展速度，花型设计的主题不断增多，由此衍生出来的纺织品提花种类也数不胜数，并一步一步演变成如今的纺织品提花产业。其主要特点如下。

（一）提花织造工艺的特征

提花织机的发展经历了腰线织机、脚踏斜织机、多综多蹑提花机、花本式提花机、花楼束综提花机等，其发展使织物的提花组织种类更加多样化，比如我们所熟悉的绫、罗、绸、缎等，这些产品的织造非常复杂，都有各自独特的织造工艺和特色组织设计。织机的演进万变不离其宗，经线、纬线一直常驻，说明纺织品提花织造工艺的精髓在于提花组织，这也是其工艺最大的特点。

（二）提花花型设计特点

（1）提花工艺的花型设计与印花、绣花等工艺不同，印花、绣花等工艺是在完成后的织物上对花型进行设计的，而提花的花型设计是事先设计好花型，再利用提花织机一次完成的。

（2）织物提花图案的设计要遵循工艺织造原理，花型设计上通常有小提花与大提花之分。花型设计需要的是完整的花卉，可以是二方连续图案，也可以是四方连续图案。

（3）纺织品提花面料是一种比较高级的面料，这决定了纺织品提花花型设计一般为精致细腻、优雅高贵、大气脱俗的风格，所以题材一般都是几何图案、植物图案、动物图案等，而针对婴儿和儿童的设计题材类型较少。

二、提花图案设计的构成方法

图案设计要经过构思，才能运用多种方法表现，也就是所谓的“意在笔先”。在进行设计的时候，设计师要充分发挥自己的主观能动性，先对设计的目标、功能和用途进行思考，再对设计的构成方法进行思考。在明确设计目标的基础上，构图布局是表现设计思想非常重要的一环，它需要将组织结构中最美的部分凸显出来，将较差的部分遮盖起来，所以，在与结构特征相结合的时候，提花部分就有清地、清满地、满地、混地之分的构图布局。所谓的清地，就是指织物的“地”部面积要比显花面积大得多。比如克利缎、花累缎等织物，其目的就是要将缎地纹丰满、精致的富贵特征表现出来。所谓满地，就是提花部分多于织物的显露部分，注重凸显图案之美，如宋锦、古香缎等织物。而混地布局是指图案与“地”部面积基本相同，地中有花、花中有地的反处理效果，比如花绒绸等。当然，同样的一种面料也会有不同的布局方式，达到不同的艺术效果，比如织锦缎的布局方式就按照销售区域的喜好区分，通常销往内蒙古和俄罗斯的面料都是清地布局，而销往欧洲的面料就是满地布局，其变形、写意、抽象的风格特点非常显著。在纹样设计中常采用下列方法。

（1）重复。一个单位的图案形态在有统一感和秩序感的前提下重复出现，以多种排列形式构成一个大的新单元图案（图6–8）。

（2）渐变。在一个基本形态的图案上采用具有规律性的、从大到小或从远至近的渐变效果，使之产生聚散的对比效应，从而营造出强烈的动感和韵律感（图6–9）。

（3）近似。以一个图案形态为基调，通过不同程度的改变，使其形成形态基本相似又有变化的构图形式，构成一种较为统一的构图形式，避免了单调感。

（4）填嵌。以骨骼形式为图案的基本框架，内填造型结构相似，而完全不同的花草纹等，又使原本杂乱无章的内填图案规范在一定的形式之内，产生形与形之间的有序排列（图6–10）。

图6-8　丹尼尔·麦基（Daniel Mackie）重复图案

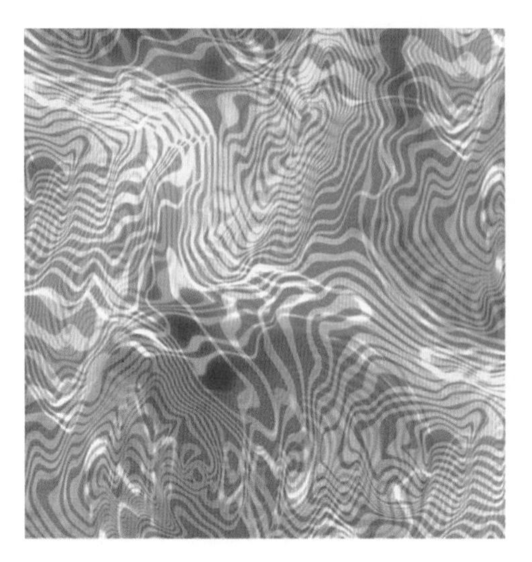

图6-9　渐变图案

图6-10　吕笑琼作品《隐·弋》

（5）发射。以一个单元图案为中心，围绕这个中心发散、渐变，可以是离心式、向心式，也可以是同心式等方式，使之产生强烈的空间纵深感和运动感。

（6）添加。以比较单一的图案为基础，添加各种相关纹饰，以强调和突出画面主体和寓意，使画面更丰满，装饰性更强。

（7）夸张。抓住对象的形体特征和有代表性的局部特征进行夸大、强化，或合并琐碎的细节，使其形象更突出、更传神。

（8）对比。通过图案间的形状、大小、方向、位置、色彩及肌理等做形象对比，以产生强烈的直观视觉和感受差别。

三、提花图案配色的特点与规律

与印染织物不同，提花织物的颜色是由经、纬线两种颜色互相交织而成的混合色彩，其色彩的混合效果取决于丝线的加工工艺、经纬紧度和织物的组织结构。例如，平纹组织的特征是交织点的密度高，而经纬线浮长最短，因此织物的颜色较为暗淡。所以，为了提高织物的色相纯度，通常采用增加经线的色纯度或减弱纬线的色纯度的方法。而缎纹组织的交织点少，如果经、纬线使用不同的色彩，正面和背面的颜色将会出现差异。通过经、纬线的不同运用，可以在面料上产生多种不同的色彩风格，并产生出不同的丝光效果。

（1）同色。经纬线同色，构成织物纯色效果。比如“白织白”“黑织黑”的配色，织物花纹显得含蓄高雅、耐人寻味。

（2）闪色。经纬线异色，交织后构成这两种颜色的复合色。若具有色相对比度的异色，交织后使织物产生闪烁的光泽感，如闪色塔夫绸的配色方法是“黑经红纬”“红经绿纬”，色相对比越强烈，闪烁效果越好。

（3）晕色。经线或纬线可以是由同种色不同色阶的色线，从深到浅或从浅到深地逐渐过渡排列而成；也可以用若干组不同色调的色线，按逐渐过渡的色阶排列而成。晕色工艺较为复杂，但绸面色彩效果十分优雅迷人。

第三节　绣花工艺与图案设计

一、手工绣花工艺

（一）手工刺绣与图案设计

刺绣，也称针绣、丝绣。手工刺绣的针法非常丰富，并且有很多名称，主要种类有平绣、错针绣、乱针绣、网绣、锁绣、盘金绣、补绣、挑花绣等，每一种针法所表现的图案都有其特点。

“绣”在中国最早的史书《尚书》和《诗经》中都有记录和描述。宋朝时，绣品盛行于民间，宫廷亦设有文绣院；明朝时，绣品更是有以苏绣、粤绣、湘绣、蜀绣为代表的四大名绣。以寓意吉祥为主题的绣花图案被广泛运用于服饰、家居等方面。绣画（有近似绘画题材的花鸟山水绣，装饰化的人物、文字等绣品）的崛起进一步丰富和扩大了艺术样式，也让家居拥有了装饰新样式。中国民间有绣花被面、枕顶、帐檐、桌边、镜帘、门帘等装饰，这些装饰图案以丰富的形态和样式，体现了人们对吉祥、欢乐的美学追求，是中国优秀传统文化的重要组成部分。

其实，传统手工绣花指的是一种通过手工的形式，以针线为工具，在织物上将想要表现的图案呈现出来，并给作品添加艺术美感的传统工艺。工艺精湛的技法、清新淡雅的色彩、错落有致的图案和丰富多变的针法，使传统手工绣花展现出精美绝伦的视觉艺术效果。手工绣花的精湛技艺流传至今，受到了不同地域文化的影响，再加上不同地区的人们对绣花类型不断创新，让手工绣花的针法不断发展，因此也就形成了风格迥异的刺绣技艺。在这些刺绣中，平针绣、垫绣、硬针绣和盘金绣都是传统刺绣的主要针法。通过拼接、雕刻，以重叠、染色和褶皱等创新形式，使多种材料与其他织物工艺技术相结合，突破了绣花平面单一的局限，丰富了作品的层次感。传统的手工刺绣体现了不同时期的文化特色，具有极高的艺术价值。手工绣花作为一种文化符号象征，随着时代的发展而向前迈进，对现代设计领域也将产生深远的影响。

国外的刺绣题材也非常丰富，颇具想象力，从写实主义的人像到科技产品、文具等，衍生出各种样式的刺绣作品。有的设计师将刺绣与人体结构图案相结合，并将其运用到了笔记本封面上，与纸张印刷封面相比，用刺绣工艺的肌理加强封面的艺术表现效果更加细腻、立体；有的设计师用不同画布设计创作刺绣作品，如废旧网球拍，设计师运用浓厚的色彩和粗犷的线条打破常规刺绣的固有属性，展现出花朵在交错的网中绽放的意象；还有的设计师将刺绣和服装相结合，如俄罗斯的粗线刺绣艺术家丽莎·斯米尔诺娃（Lisa Smirnova）与时装设计师奥利亚·格拉戈勒娃（Olya Glagoleva），很好地将刺绣艺术用大胆的配色和粗犷的刺绣手法与服装设计相结合，在服装上展现出立体又富有视觉冲击力的色彩画，创造出独一无二的服装（图6-11）。在国外，特别是在法国，绣花工是一种受人尊敬的工作，很多手工作坊都是由高端定制公司提供的。其中，法国刺绣工坊Lesage就堪称法国高级定制的精髓与灵魂，它的刺绣资料库中保存着4万份总计超过60吨的刺绣样本，可以说是一个刺绣博物馆。设计师通过改变面料材质、制作手法和工艺，与高级定制的不同款式和面料组合，产生了无限的可能性，从而将刺绣设计的多样性发挥到极致。

图6-11　丽莎·斯米尔诺娃与奥利亚·格拉戈勒娃设计作品局部

（二）手工绣花针法

刺绣针法是一种用针线在织物上刺绣的技艺，每种针法都有不同的用途和效果，可以创造出丰富多样的图案和纹样。

1.直绣

直绣是一种基本的刺绣针法，使用直线针脚在织物上进行刺绣。这种针法简单明了，适用于绣制直线、曲线和填充区域等各种图案。直绣是刺绣中最常见和最容易上手的一种针法，也是许多其他刺绣针法的基础。直绣要求“平、齐、匀、顺”：“平”指绣面要平，不能凹凸不平；“齐”指落针点与轮廓齐，即针脚要齐；“匀”指绣线疏密均匀，不重叠交叉，不露底布；“顺”指针向顺形就势。直绣包括直针、缠针两种针法。

（1）直针：通常指的是刺绣中的齐针，这种针的针尖是平的，用于在织物上进行基本的直线刺绣。

（2）缠针：又称斜针针法，主要用斜行的短线条缠绕形体。在缠针技法中，刺绣针线会缠绕在织物上形成特定的图案或纹样。这种技法常用于绣制花朵、叶子、藤蔓等自然元素，也可用于绣制其他复杂的图案和细节。缠针是一种装饰性很强的刺绣技法，为刺绣作品增添了细腻和独特的效果。

2.盘绣

盘绣是表现弯曲形体的针法，包括切针、接针、滚针、旋针四种。

（1）切针：又称回针、刺针。针与针相连而刺，第二针必须接第一针的原眼起针。

（2）接针：用短直针，一针接一针绣成线条。

（3）滚针：又称曲针、棍针、扣针，是表现线的针法，针针相扣，不露针眼。后针起针约于前针1/3处，针眼藏于线下成拧麻花状。

（4）旋针：顺线按纹路旋拧方向放射排列。

3.套绣

套绣是直绣针法，可做镶色、接色，特点是针脚皆相嵌。套针的基本方法有平套、集套、散套三种。

（1）平套针法是按分皮顺序进行的，由后皮线条嵌入前皮线条中间，丝丝相隔，还要衔接前皮线条的末尾，使之相色和顺、绣面平服。

（2）集套针法组织大致与平套针法相同，专用于绣圆形纹样，因而在刺绣时要注意每针针迹都要对着圆心，在近圆心处要做藏针处理。

（3）散套针法是苏绣艺术品中最常用、最广泛的针法之一，它的主要特点是线条高低参差排列，分皮进行，皮皮相叠，针针相嵌。由于线条组织形式较灵活，善于表现刺绣物体的丝理转折，不受色级、层次限制，所以能细致入微地表现花卉、翎毛等的生动姿态。

4.戗绣

戗绣又称戗针，是用短直针顺着形体的姿态，以后针继前针，一皮一皮地抢上去的针法。一般分为正戗、反戗、迭戗三种。

（1）正戗绣：用齐针分皮前后衔接而成，由外向里顺序进行。该针法装饰性强，适于绣图案纹样，是绣日用品时经常运用的针法之一。

（2）反戗绣：刺绣顺序由内向外分皮进行，丝理方向一致，皮头相互衔接，绣好第一皮后就要在线的末尾处加一扣线，由内向外按顺序进行，皮头比正抢针法绣的更加清晰、整齐。

（3）迭戗绣：分皮间隔进行，绣一皮空一皮，直到绣满纹样为止，注意每皮之间阔狭要均匀，丝理要一致，以绣装饰性的静物为宜。

5.平金

平金的针法是用金线按纹样的造型盘旋平铺，并用短针钉扎固定，针距要均匀，前后排扎错位，形成装饰效果。

6.蹙金

蹙金是一种传统的金饰工艺，也称为“蹙”或“蹙丝”，它是中国古代的一种金饰加工技艺，通过将金丝或金线紧密缠绕在金属胎或其他材料上，形成各种图案和纹理，也是中国古代工艺美术的辉煌成就之一。一般先用金线平铺在垫有丝棉的纹样上，再用绣线钉扎固定。在蹙金工艺中，金丝经过巧妙地编织和处理，多用于绣鳞片、羽毛等部位的表现。蹙金工艺需要高超的技巧和耐心，如今在一些传统工艺传承中仍然有人在传承这项技术。

7.盘金

盘金是中国传统工艺中的一种金饰加工技法，也称“金盘绣”。在盘金工艺中，金丝或金线被巧妙地绕在金属胎或其他材料上，形成各种图案和纹理。类似于蹙金，盘金也是一种金饰的加工方式，但它强调将金线盘绕在胎上，以形成更加立体和细腻的效果。通过金线盘绕的不同角度和密度，可以创造出丰富多彩的图案和纹饰。

盘金工艺在中国历史上非常流行，尤其是在古代皇宫和贵族社会中，盘金饰品被视为珍贵的宝物，是高级工艺和社会地位的象征。这项传统工艺至今仍在传承，展示着古老而精湛的金饰制作技艺。

8.绕绣

绕绣是刺绣中的一种技法，也称为绕线绣。在绕绣技法中，刺绣针线会绕着织物上已绣制好的图案线条或轮廓，形成类似于轮廓线的效果，使图案更加清晰、立体。这种技法常用于勾勒复杂的图案轮廓，以增强刺绣作品的立体感和细节表现。绕绣可以使用不同颜色的线来描绘不同部分的轮廓，以使刺绣作品更加生动、丰富。绕绣是刺绣中的一种高级技法，需要有一定的刺绣经验和技巧才能运用自如。打籽、锁绣、辫绣等都属于这一类绣法。

9.乱针绣

乱针是一种刺绣技法，被称为“乱针绣”。在乱针绣技法中，刺绣针线不按照规定的方向或顺序进行刺绣，而是随意交错、穿插在织物上，形成一种有序而又自由的错落效果。乱针绣法可以创造出独特的图案和纹样，尤其适用于描绘自然元素，如树枝、花朵、云朵等，以及抽象的艺术设计。这种技法在刺绣作品中常常表现出动态感和生动性，使刺绣作品更加富有个性和独特魅力。乱针是刺绣中的一种创意技法，需要一定的刺绣经验和技巧，同时也体现了刺绣艺术的自由和创新性。

二、电脑机器绣花工艺

（一）电脑绣花机的种类

电脑绣花机是一种现代化的绣花设备，它结合了计算机技术和刺绣工艺。这种机器可以通过预先编程的计算机软件，将图案、文字或设计加载到绣花机中，然后由机器自动刺绣。使用电脑绣花机制作刺绣作品更加高效和精确，它能够实现复杂的绣花图案、多种颜色的刺绣，并具有自动换色和自动切线等功能，使刺绣过程更加简便、快捷。电脑绣花机在纺织品、服装、家纺等行业得到广泛应用，也被普通消费者用于制作个性化定制的刺绣作品。它实现了刺绣工艺的现代化和自动化，丰富了刺绣艺术的表现形式。

按照电脑绣花机使用场所的不同，其主要分为家用电脑绣花机和工业用电脑绣花机。

1.家用电脑绣花机

家用电脑绣花机是一种专用于小型针绣的针绣装置，与工业用电脑绣花机相似，但体积更小、重量更轻，更适用于家庭绣花作业。家用电脑绣花机一般操作简便、使用方便，只需在电脑上或内置屏幕上输入图案，再把布料装入其中即可开始刺绣。家用电脑绣花机可实现多色刺绣、自动换色、自动裁剪，方便家庭用户进行个性化刺绣。

2.工业用电脑绣花机

工业用电脑绣花机是一种用于大规模、高效生产刺绣产品的专业设备。与家用电脑绣花机相比，工业用电脑绣花机具有更大的规模和更强的生产能力。工业用电脑绣花机通常由电脑控制，可以通过预先编程的软件加载图案和设计，具有自动换线、自动切线和高速刺绣等功能，使得刺绣过程更加自动化和快速。

工业用电脑绣花机广泛应用于纺织品、服装、家纺、鞋帽等行业，用于生产大批量的刺绣产品，如衣服、鞋子、帽子、床上用品等。工业用电脑绣花机的高效性和精准度大大提高了生产效率和产品质量，满足了大规模生产的需求。

（二）电脑机器绣花针法

随着电脑绣花设备的不断升级，电脑机器绣花针法发展到现在已有十余种，下面介绍几种常用针法（图6–12）。

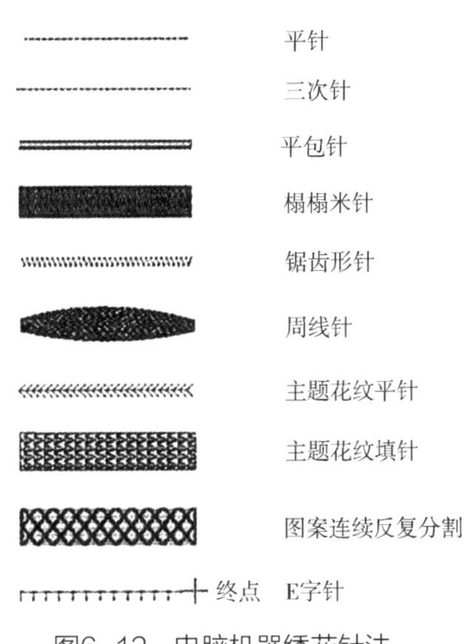

图6–12　电脑机器绣花针法

1.平包针

平包针是电脑机器绣花常用针法之一，绣针在对象轮廓两边落针，呈折线蛇形前进，普通平包针的针孔均在轮廓两边，中间没有针点，通常用来表现狭长的对象或图案的轮廓以及字体。平包针的角度会随着对象的变化而调整，也会根据密度及线段长度而变化。因为运用了不同的分割功能，平包针还可以表现较宽的块面。根据需要，平包针也可以被设计成锯齿形边缘和疏密渐变的针迹，具有多样的变化、丰富的表现力。

2.榻榻米针

榻榻米针也称席纹针，因表现对象的纹理酷似榻榻米纹理而得名。通常用于填充大面积或不规则的闭合形状，绘制图案的边框时，只需在画边框的末尾与起始点之间留出一丝间隙，便可自动将曲线填满。在榻榻米图中画出一幅封闭的图画，可以形成空白的、没有刺绣的孔、洞效果，也可以用挨针或斜纹纹理填充空白。

3.插针

为了体现花卉图案的立体感和层次感，打版时在针法对象针迹较紧密的地方自动插针，既使针迹均匀平整，又不破坏整体效果，就像印花图案中的撇丝，这种针法称作插针。插针可以模仿皮毛或其他毛绒物的效果，花瓣和叶子的过渡也多用插针针迹，最终形成的针迹颜色过渡自然。

4.E字针

E字针针迹的外形像一把梳子，主要用在镶绣中的包边上或填绣较稀疏的图案。在E字针针迹中插入单针，能使针迹更好地跟随图案边界，插入的单针由E字针的密度和最小针步来决定。E字针也可用来加固、缝合贴布绣。

5.单针和手动单针

单针和手动单针主要用于细线段的刺绣，可以通过增加重复次数来绣出粗线效果。用单针绘图案，可自动形成同轮廓线相近的针迹。在制作平缓弧度的图案时，针迹可以很好地跟随轮廓线。但是，在面临较大幅度时，经常会因为针步太大而出现针迹不圆顺或者变形的情况。这时可以在机器上选择“可变单针长度”选项，即可以按照图案自动改变步长，从而让针迹更好地跟随图案轮廓线。

三、手工绣花与电脑机器绣花的差异

电脑机器绣花与手工绣花是两种不同的刺绣工艺，它们在制作过程、效率、精度和表现形式等方面有一些明显的区别。在制作方面，电脑机器绣花使用电脑编程来加载图案和设计，然后由电脑绣花机自动刺绣；手工绣花需要手工操作，刺绣师根据图案自行使用针线刺绣。在效率方面，电脑机器绣花由机器完成，因此生产速度更快，适用于大规模生产；手工绣花需要耗费较多时间和劳动力，生产速度较慢。在精度方面，电脑机器绣花具有高精度，可以实现复杂的绣花图案和细节；手工绣花的精度受到刺绣师技艺和手工操作的影响，成品可能有一定的误差和差异。在创意性方面，虽然电脑机器绣花可以加载各种图案和设计，但创意性受限于电脑软件的选择；手工绣花允许刺绣师根据自己的创意和想象力进行刺绣，更具个性和独特性。在质感方面，手工绣花通常具有更加质朴和手工艺品的质感；电脑机器绣花由于机器操作，可能显得相对平整。

不管是电脑机器绣花，还是手工绣花，都有着自己独特的魅力和应用领域。电脑机器绣花可满足大批量、高精度的要求，也适用于批量生产的图案，因此，大部分服装都采用电脑机器绣花。经过技术改造后，电脑绣花机还能模拟串珠绣、绳绣等更复杂的绣法。相对于电脑机器绣花，手工绣花则更重视手工艺的温情与创造性。

电脑机器绣花的产生，源自传统手工绣花的技法以及现代科学技术的进步与发展，它的实现方式主要有以下几种：一是由专业的绣花图案设计师设计绣品的图案样式；二是由制版师利用专门的刺绣软件制作版面，然后将版面输入电脑绣花机，在机器上试织和试版；三是绣花工人对试绣样品颜色和针法运用不断修正、改良；四是在最终定版后，在电脑绣花机上进行批量生产。与手工绣花工艺相比，电脑机器绣花工艺具有操作简单、生产效率高、加工成本低、图案样式更新快等优点，因此得到了许多国内外消费者的认同和青睐。随着时间的推移、科技的不断发展，现代化的电脑绣花机工作效率已经非常高了，比传统的手工绣花要高出十几倍甚至数百倍，且生产成本较低。虽然电脑机器绣花有着非常多的优点，但仍然有一定的局限性：传统的手工刺绣中很多比较复杂的绣法技巧，仍然需要由专业的手工绣花者完成；在某些细节和特殊工艺的处理上，机器的效果比较差，绣制出来的成品图案的边缘也比较容易显得杂乱无章，甚至参差不齐。

发展到现在，无论是人工绣花还是电脑机器绣花，都有其不足之处。随着时代的进步，人们的思想也发生了变化，现在市面上的刺绣产品不再只依靠手工绣花或者电脑机器绣花，而是将这两种刺绣方法有机融合，通过在此过程中的不断实践与更新，提炼两者之间的精华与优势，摒弃各自的劣势，从而促进绣花工艺在艺术表现和工艺技巧上的发展。比如先用电脑绣花机将基本的纹路绣出，之后需要对光影、点睛之处和其他细节进行细致修饰的部分由手工绣花来完善。与传统的手工绣花相比，将两种绣法组合，可以极大地节省刺绣的时间和精力，还可以降低刺绣的制作成本，与一般的电脑机器绣花相比，其也在细节上有了更好的表现，在质量和艺术性上有了很大的提高。

第四节　织花工艺与图案设计

织花是指以经纬线的浮沉来表现各种装饰形象，且以纤维的性能、纱线的形态、织物的组织变化显示各种材料的质地、光泽、纹理等，丰富装饰效果。织花分为经起花和纬起花两种。

早在商代，蚕桑生产和丝织手工业就已开始稳步发展，并且受到统治者的青睐。随着蚕丝产业的发展，蚕丝制品的制作工艺也在不断提高，逐步出现了织花工艺。在商、周时代，已经有了官府专营的丝织手工业，与民间丝绸工艺同步发展。为方便管理手工业，官府设立了“百工”和各个层级的官吏。这一时期，除官方经营的丝织业外，民间经营的丝织业也相当发达。当时，朝廷还设置了“载师”，对民间丝绸工业的生产进行管理。在《诗经》中，就有不少关于妇女养蚕织帛的劳动情景的描绘。

1975年，考古学家在陕西省的茹家庄发现了两个西周时期的贵族奴隶主的墓穴，出土的文物中，发现了大量的玉蚕、丝绸等器物，还有绢、经锦及以“辫子股”绣成图案的刺绣成品。这些成品的工艺非常成熟，朱红色的地和石黄色的绣线，色彩鲜亮如新。经锦是用两组以上不同色的经丝直接在织机上织出花纹，以一色作地纹，另一色作花纹的面料。经锦的问世，标志着丝织工艺有了长足进步。辽宁省朝阳市朝阳县的西周古墓以及山东省淄博市临淄区的东周古墓中都曾出土有经锦。因此，织锦自西周就已出现，是一种多彩织花的高级丝织品，而且用途广泛，可以做衣服和被面等。

春秋战国时期，人类已经有了铁制品，生产力大大提高，丝绸制品的制作也日益普及和多样化。在一些重要的场合，如诸侯面圣、互访、聚会、结盟等，都以丝绸、美玉作为礼物赠送。另外，此时的丝织品已经开始向外传播，因此在国外也有相关发现，如苏联人在南西伯利亚的巴泽雷克地区的一座墓葬里发现了中国春秋时期的丝绸鞍褥面，上面绣着精美的凤鸟穿花纹样。在春秋战国时期，由于丝织工艺的进步，丝织品的种类更加丰富，出现了十余种丝绸，如绸、缎、素、纱、绉、编、绮、绣、罗等，可见在这个时代丝绸的种类是何等丰富。

一、编织工艺

编织是指以纺线为原料，使用棒针（用竹子、金属、塑料等材料制成，两端为尖形）或钩针（用金属、竹子等材料制成，前端为带倒钩的圆锥形）等工具进行的编结艺术。

编织工艺是人类历史上最早的手工艺之一，不同的地区和文化体系都有各自独特的编织传统和技法。编织工艺的发展和演变使人类创造出了丰富多样的实用性和装饰性的产品，同时也体现了不同文化体系的艺术和美学特色。在中国，20世纪七八十年代曾经盛行过一种圆形和方形的桌布，就是用白色或者素色的棉线，通过各种不同的针法，编织出各种抽象的图案，给生活在物质贫乏年代的家庭增添了美丽与温馨。而在编结技术日益发达的今天，将编结技术应用于家用纺织品也是家庭纺织品生产技术多元化的一种表现。盖毯、地毯和靠垫等家纺产品编结的图案大多是较为简单的样式，花色针法多以单色线编结为主。

编结材料分为两种，一种是天然纤维（图6-13），另一种是化学纤维。编结时采用不同的编结方法，可以编结出丰富多样的花纹，还可编结出实心和镂空的图案。现代的编结技术有手编和机械编两种，手编比机械编更加灵活多变，编织出来的衣服也更加柔软、舒适。

图6-13 坦米·卡纳特（Tammy Kanat）天然纤维巨型挂毯

二、蕾丝工艺

蕾丝工艺是一种精美的纺织工艺，以细腻、镂空以及花朵等独特的图案为特点。蕾丝通常由纱线、丝线或细线通过编织、钩织、刺绣等手工艺制成。在欧洲地区，以比利时、法国、意大利生产的蕾丝最为出名，在比利时还有专门学习蕾丝制作技艺的学校。

在传统手工蕾丝的制作过程中，首先要将已经设计好的图案放置在底部，然后将丝线缠绕在一个拇指大小的小梭上（一个常见的图案通常需要数十只甚至近百只小梭），再通过各种绕、编、结等手法，最终制成。每个蕾丝作品通常由一名设计师独自完成，这使蕾丝拥有了独特的艺术特征，受到了很多欧洲贵族的喜爱。手工制成的蕾丝可以被用在高级的时装或婚纱上，也可以被用在台布、床品、窗帘和家纺饰品上。如今，蕾丝已被广泛用来表示各种花边，而且大部分都是机器织造出来的。蕾丝图案设计注重图案的疏密编排，它既可以通过图案本身的结构来表现，也可以通过蕾丝图案在整体家纺中的布局来实现。比如，在床品或窗帘的底边或者局部使用蕾丝图案，可以获得画龙点睛的艺术效果。蕾丝产品的颜色多为纯白，造型图案的层次感完全凭借网眼结构和疏密来实现（图6-14、图6-15）。

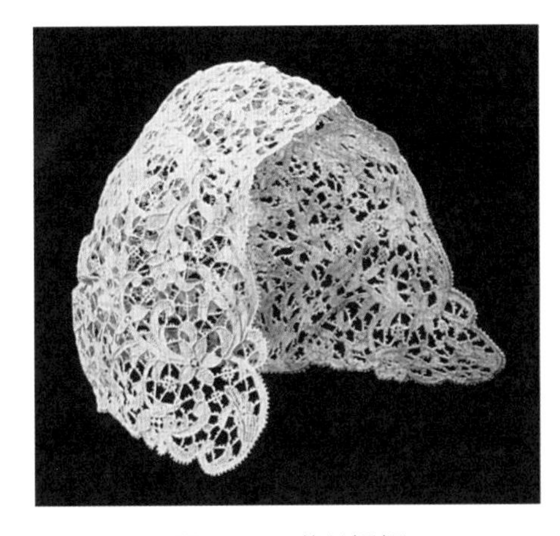

图6-14 蕾丝婚帽

图6-15 蕾丝边亚麻白领

蕾丝工艺的品种有很多，款式也较为多样，如针织蕾丝、剪纸蕾丝、套花蕾丝等，各地域都有着自己独特的蕾丝传统和技法，展现出丰富多彩的纺织艺术。传统的蕾丝都是手工制作的，而随着技术的发展，现代机器也能生产出仿制蕾丝，虽然相比手工蕾丝，其质地和精细程度要差上一些，但是它的用途还是很广的。不管是传统的手工艺，还是现代化的机械加工，蕾丝工艺都是一门精湛的纺织艺术。

【思考与练习】

1. 印花工艺主要有哪几种，与图案设计之间的关系如何?
2. 我国较有名的绣花品类有哪些? 现代绣花工艺对图案设计的要求有哪些?
3. 查找并收集最新印花、提花、绣花和织花工艺图案。

第七章　纺织品设计与实践

课题名称： 纺织品设计与实践

课题内容： 1. 制定工作简报
2. 寻找灵感，发散思维
3. 主题调研
4. 灵感翻译
5. 元素排列与组合
6. 效果图与制作产出
7. 制作作品集

课题时间： 24课时

教学目的： 主要阐述纺织品图案设计的具体的制作步骤，让学生学会在具体的实践中灵活运用前面章节学习到的知识，设计出效果好、具有创意和个性化的图案，从而提升学生设计的可实现能力。

教学方式： 理论教学

教学要求： 1. 让学生了解目标客户的概念。
2. 让学生具有分析资料和研究资料的能力。
3. 让学生具备资料转化的能力，学会如何将灵感图转化为设计素材。
4. 让学生了解如何运用前面章节学习到的知识完成完整的设计图。
5. 让学生了解效果图的制作。

纺织品的设计与实践是一个综合性的过程，涵盖创意、技术、市场需求和生产等多个方面。以下是纺织品设计与实践的具体步骤。

第一节 制定工作简报

当产品投放至市场时，设计师经常面临的问题是如何能够使自己的产品贴合顾客的喜好。这就要求设计师在设计之初制定工作简报，以了解客户需求、明确客户意图，再将好的创意按照客户的要求具体实施。专业的纺织品设计师必须具备拟定工作简报的能力，只有通过这个方法，才能使最终的产品在满足客户要求的同时体现设计师独特的创意、巧妙的构思和明确的设计风格。

一份成功的工作简报应涵盖纺织品印花图案设计的基本技术，并且可以为设计师提供工作周期中的设计规划。在做简报的时候，一定要明确为什么做工作简报，以及有哪些具体的要求。如果是自己草拟，那么必须明确想要的最终效果是什么。工作简报是对制造商设计结果的引导，包含大量的信息、详细的细节，同时还包含一些口头指令。一份工作简报要涵盖很多因素，具体而言，要明确体现以下几个核心要素。

（一）宗旨

工作简报的宗旨指设计目的，如最终产品呈现的具体形式，是设计一套床上用品的图案还是墙纸的花样等。

（二）目标

目标相对宗旨更加明确，并且包含更多的设计要求，如生产的产品适用于什么季节等，其对于商品的要求更加细化和明确。

（三）主题或灵感

主题和灵感往往取决于图案的外观。设计师要结合诸多因素构建一个视觉化的框架。在这部分，一般会对颜色的运用进行深入的分析。

（四）指导方针

在设计工作简报的时候，设计者要考虑到许多具体的问题，包括市场信息、产品或用户终端（比如面料细节）、印刷技术、成品规格和颜色等。

（五）费用计算

工作简报需要编制预算，并将某些特殊的产品费用纳入其中。对于自由设计师而言，可以明确规划出在这份工作中所有的投入，以在协商酬金的时候明确利润是否合适。

（六）截止时间

项目要明确最终的截止时间。这个时间对于学生而言，可能是老师要求的截止时间；对自由设计师而言，是最终与商家的交付确认时间。设计师要把握好截止时间，根据最终时间推算每一步所需花费的时间，保证交付进度。

（七）最终成果

最终成果即工程完成后设计者的预期成果，如特定图案的印花量、特定图案的细节等，其往往与产品的花型、表面特性有着密切的关系。

从学生的角度来看，制定一份工作简报，“客户”可能是老师，也可能是学校。老师会制定好工作简报（也可以让学生自己制定），然后根据学生的实施效果来打分。要制定一个好的工作简报，首先要聆听，要明确客户的具体要求，不能有所遗漏，这也是最为重要的一点。如果是用书面的方式记录要求，那么在工作简报完成后，要与顾客做一次详细的核对，以确定双方的意见一致。如果是通过口头讨论的方式拟定简报，则需要在讨论的时候多做记录，并在讨论即将结束的时候确认具体细节是否有误。然后，以讨论过的、能确保设计过程进展良好的简短纲要为指导完成工作简报。

其次，要合理规划。会议结束后，应合理安排时间。通常在讨论时就能了解到项目的截止时间、中期审查和其他细节要求，这个时候大部分的设计者都会对工作日程进行倒排，从而仔细地规划出在某一阶段需要完成的工作。当然，其中还要包括工作结束后进行工作总结的时间。通过经验总结，能够更加清楚每个设计过程需要花费的时间，并将计划做得更加完善。在实际工作中，不仅需要计划时间，还需要提前预留时间，以避免因为一些小的差错而导致后期时间过于紧张。

最后，要注重交流。要有应对很多消极反馈的心理准备，或是对工作简报进行修改的准备。设计师与客户之间的信息差距经常围绕着设计师不知道客户究竟要什么、需要做哪些改变等方面。所以，要确保与顾客的频繁交流，并且随时展开更为专业的探讨。

第二节　寻找灵感，发散思维

设计师开始创作的时候，需要有灵感。设计师的灵感一般源于生活，需要不断地观察、思考和积累。设计师要留心周边实物，不断记录生活，如家乡或民族特有的文化、旅游过的地方，都可以成为灵感来源。生活中某一个普通的物体也可以成为灵感来源，如消防栓、苔藓、光、动物、水等，都可以通过深入研究和思考进行发散。以消防栓为例，通过消防栓可以联想到消防车、消防员等和其相关的元素，成为创作的灵感来源。除了具象的物品外，一些抽象的形容词也可以作为灵感来源，如忧郁、无聊等，但是这些抽象的词语不太适合初学设计的人练习，相对于具象的词语，抽象的词语更难以表达。如果初学者一时难以找到灵感，可以去花鸟市场购买鲜花等素材，通过手绘抓重点的方式不断练习，慢慢找寻灵感。

当有了合适的灵感后，可以通过头脑风暴的方式发散思维。头脑风暴是一种将思维可视化的实用工具，一般是用一个中心关键词去发散并引发相关的想法，再运用图文并重的技巧把各级主题的关系用相互隶属的层级表现出来，最终将想法用一张放射状的图有重点、有逻辑地表现出来。如果是团队创作，召开集体研讨会进行创作是非常高效的，可以共同商讨、集思广益，共享一些灵感和想法，有助于拓宽思路。通常，团队中的某一个人需要记录所有相关词语。关于记录，一般只需简单的词语或者图像就足够，不必详细描述。

通过讨论形成的关键词需要有逻辑、有层次地展现出来，对此，思维导图是一个非常好的工具。一般来说，思维导图是将最为核心的关键词放在中间，再将延伸出来的词语按照逻辑关系、顺着箭头的指引进行分层和排列。当有一个主要想法的时候，要以它为起点、为中心，向四周拓展思维。从主要想法出发，画出分支以表现思维动态时，可以添加关键词、颜色和图像，这有助于将想法形象化，并找寻词汇之间存在的逻辑关系，如图7-1所示的树状表格就是比较典型的思维导图。思维导图的核心其实就是对核心词汇进行多维度的分析，可以借助字典、词典和相关的文献和纪录片等对中心词汇进行很好的发散。

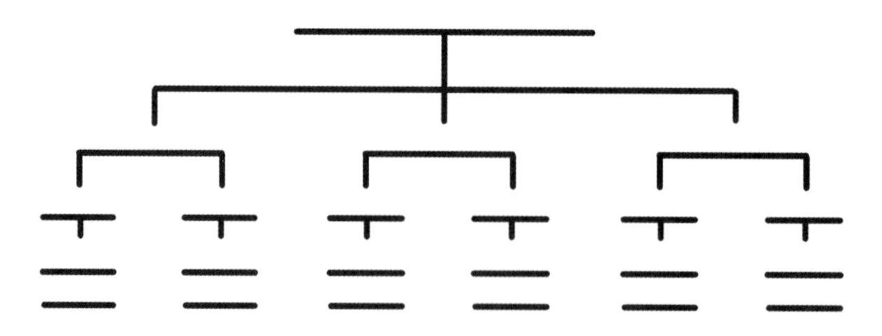

图7-1 树状表格思维导图

思维导图的发散方式也有很多，如果是植物，可以通过头脑风暴对其造型结构、细节、色彩、材质、图案及装饰、用途、感受、历史角度、文化角度、当代趋势等进行分析，找到能转化为设计的有趣的着手点。如图7-2所示的头脑风暴图即以热带鱼为中心词，通过多维度的发散，再进行筛选，得到最终适合自己创作的灵感来源。

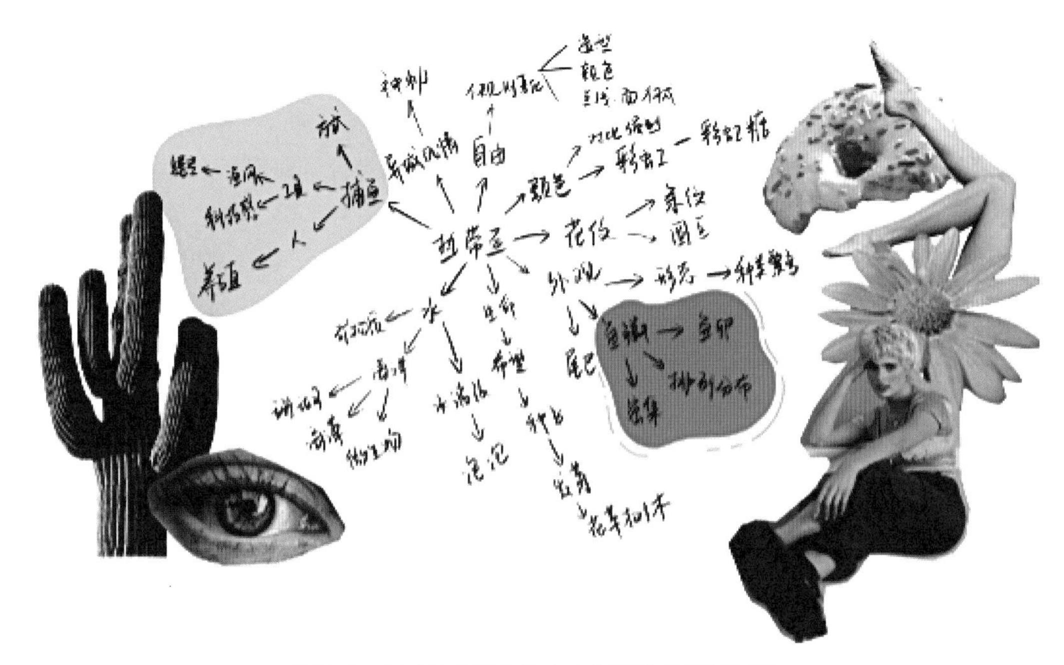

图7-2　以“热带鱼”为中心词所作头脑风暴图

第三节　主题调研

通过思维导图确认主题方向后，就可以根据需要着手调研了，通过调研获得一手资料或者二手资料，为后期的图案创作做好铺垫。

一、调研获取一手资料的工具与方法

（一）调研工具

一手资料的获取是学生收集信息的关键，因为所收集的细节、信息将用于纺织品设计。想要通过调研工作获取一手资料，就需要多看、多关注那些感兴趣的东西。比如，陈旧的墙面涂料，由于年代久远，已经出现了龟裂、剥落的现象，或者错综复杂的脚手架，以及修建或建造一半的建筑，都可以带来新奇的构造和造型。研究的目标可以是任何有潜力成为纺织品设计灵感的东西。仔细观察周围的事物，可以多关注其质地、形状、花纹、结构、色彩等。对于周围的事物，要学会尝试分析，因为对于事物的观察能力要在不断的练习中才能日益精进。随着能力的提高会逐步发现，在任何时间、任何地点都能观察和分析信息，得到新的灵感。

调研工作与工具密不可分，其中素描簿是一种必不可少的也是最关键的工具。素描簿的格式和款式有很多，从小尺寸的A5到大尺寸的A2都有。素描簿有多种装订方法，如平装、螺旋装订等，可供用户选择。设计师可以通过绘图的形式，将自己所看到的可视信息、所想到的构思、所得到的结论记录下来。通过画家或其他设计师得到的启发，也可以记录在素描簿中。

绘画工具的选择也非常重要。设计师必须将调研对象与工具结合起来思考，并且选择最合适的绘画工具。想一想研究对象，考虑以下问题：这个研究对象是否脆弱？是否坚固？透明还是色彩斑斓？通过构思材料的这些特质，就能找到适合表达这些材质的工具。想象你正在观察一个具有银色光泽、结构分明、有棱有角的物体，其造型尖锐，表面整洁，色彩明度高，具有反光效果。你将用什么去绘制它，油漆、炭笔、铅笔、墨水，或是采用拼贴方式？你还必须考虑绘画对象的特征：它是固体的吗？它反光、锋利吗？要根据这些特征来选择工具，以便最佳地表现、渲染这些特征。软木炭可能过于轻薄，不能表现出明亮的色调、尖锐的棱角，以及坚实而有力的体积；而硬质黑色的木炭，是较为合适的表达工具。在研究的时候，要仔细地考虑自己看到的东西，在作画的时候，要仔细地分析这些东西的特点，这样才能找到最适合自己的画具。

除了手绘，拍摄照片也是获取基础资料非常好的途径之一。在运用时，不能只是简单地拍摄记录，还必须好好考虑怎样用照相机获取资料，让照相机成为一种研究工具。在使用的时候，对所要拍摄的内容要深思熟虑，并作出相应的决策，如怎样构图、怎样在光和色之间取得平衡。在研究过程中，为了得到希望得到的材质和表面的可视信息，可以更近距离地观察物体表面，不断探索和研究。摄像机是一种对视觉信息进行收集和研究非常有效的手段，因此，在研究中应充分发挥摄像机的优势，千万不要把照片看作“一张可复制的、机器印刷的图像”。如果有可能，可以通过二次加工的方式，将拍摄的材料结合自己的理解以图案的形式画出来。在挑选照相机的时候，要尽可能挑选符合自己要求的，要仔细思考：是否常常随身携带相机？是否需要一个小巧袖珍的相机？是否更加需要一个有拍照特色的相机？根据这些问题的答案，设计师可以挑选到适合自己的机器。

除了照相机外，计算机也是研究的好帮手。首先可以通过图画和摄影的方式捕捉和记录创意，其次再用Adobe Photoshop（PS）和Adobe Illustrator（AI）等计算机软件来开发和改进。在没有开展任何调研之前就在计算机上绘画，所创造的图案和象征会容易显得陈旧，缺少恰当的观察。对于自己已经观察到、注意到的符号和纹理，可以使用计算机进行探索和创造，如将照片扫描到计算机中再进行处理。在PS中，可以进行镜像、修改颜色或者其他一些效果的处理。在实际操作中，这将有可能激发出新的设计灵感，然后将其与素描簿中所记载的视觉信息调研相结合。可见，计算机有利于我们完善设计想法，而不仅仅是实现最终设计作品的工具。

（二）调研方法

纺织品图案设计师为收集到一手资料，要尽可能地收集自己看到和接触到的事物，作为工作中能够带来启发的灵感源泉，这也是调研工作的主要内容。通过调研，设计师有三个好处：第一，这些东西都是灵感源泉，并且是看得见的，可以启发设计师思考，借鉴其色彩、纹理等；第二，通过观察这些灵感来源，能给设计者带来如凉爽、粗糙、光滑、轻重等心理感受，启发设计师进行创作；第三，灵感来源（可以是一件物品）有助于纺织品设计师回想起曾经的经历和感受。这些都是非常重要的，因为感官体验会影响设计师转化灵感的方式，并帮助设计师形成和完善自己的设计理念。

一手资料还会在与他人交谈和采访他人时产生。比如，一个设计者在聆听他人的故事时，可能联想到情绪、色彩、质地、感觉等，故事可能正好和设计师的经历契合，启发设计师。参与节庆或嘉年华也是调查的一部分，可以使设计师感受到幽默、欢快、庄重、颓废等情感，而这些情感都可能是设计师想要通过设计来表达的。

在纺织产品研究中，搜集到的一手资料是推动设计者进行产品开发的重要因素。调查研究可以调动设计者的创作热情，激发设计者的创作欲望。要经常留意那些可以用来开发纺织品的信息，但不必按照传统方法去画“图”。设计人员可以使用调查报告作为工作清单，可以将相关的形式、形状，有趣的表面、图案或颜色等记录下来。同样，也可以尝试不同的观察方式：可以近距离观察被调查对象，也可以通过一块反光镜观察。要从多个角度观察被调查对象，还可以采用摄影的方法，然后审视分析。

作为一名设计师，可以将自己当作一个探索者，并且是第一次观察调研对象的探索者，仔细观察那些自己熟悉但是没有仔细观察过的地方，多去看看和走走。如果你停下脚步仔细地看，你会注意到一些细微的改变。比如，在一面白墙上，可能会出现一些微妙的肌理效果；再如，仔细观察每一棵树的树叶，会发现它们形态各异、富于变化；又如，阳光照在百叶窗上，形成丰富的阴影效果。纺织品图案设计师应该在日常生活中养成观察周围环境的习惯，注意收集一些属于自己的独特的一手资料，特别要注意一些特殊之处，并从中寻找和发掘潜在的设计灵感，这也是设计师应该具备的素质。

二、调研获取二手资料的工具与方法

（一）调研工具

通过调研获得的二手资料有别于一手资料，不同之处在于一手资料主要通过自己的感受获得启发，而二手资料的来源通常是别人经过艺术处理的一手材料。二手资料的获取同样非常重要，它不但能帮助我们更好地了解织物与图案，而且可以扩展掌握知识的广度和深度。设计师可以通过图书、网络、电视纪录片或者电影来学习和设计有关的东西。通过调查工作成果的累积，可以促使设计师发现更多新材料，了解纺织品设计领域新的进展。可见，二手资料的获取和一手资料一样，都非常重要。

获取二手资料的调研工作有以下几个途径。

期刊。这里主要指的是定期出版的学术刊物，在纺织品设计领域通常指杂志，里面会刊登许多最新的文章。举例来说，《丝绸》是关于纺织品的刊物，上面发表的论文都是经过了纺织领域的专家们的编辑和审阅的，非常具有权威性。通过期刊，设计师可以了解到更多有关纺织的资讯，包括历史梳理、工艺方法、研究现况等。纺织品的领域较为宽广，所以这些期刊非常重要，需要设计师不断地了解积累，从中获得前沿资讯。其获得途径可以是专业的学术期刊网站，也可以自己去邮局订阅或者在图书馆里查阅，都能够找到相关的资源。

除了期刊外，书也是很好的创意源泉。在纺织品图案设计方面，有许多书籍可供参考。对于初学者而言，书籍能起到传授知识和指导实践的作用。此外，书籍还能提供非常多的知识，如有关著名设计师、设计运动的书籍，涉及包豪斯理论和纺织历史的书等。书籍可以帮助设计师不断提高自己的创作力，提高对产品设计分析的能力，帮助设计师更好地理解设计。

作为设计师，“行万里路”也是非常重要的，通过多看、多听、多观察，能够收集到更多的灵感来源，如参观纺织品制作、销售的场所等，也可以参观一些买手店、有设计感的商店等，这些地方都能够给设计师带来很多的灵感，店里的很多细节都能给设计师启发。除此之外，还可以去一些设计师的工作室，观察设计作品生产、销售的场所等，如艺术家的工作室、手工艺品展览会，或者一些有开放日设置的场所等，不仅可以得到一些灵感，还可以与设计师进行交流，聆听他人的创作经验和途径。除了一些买手店外，对于设计师来说，艺术馆、博物馆等都是非常好的场所，这些场所一般都会展示出大量的文化作品、自然景物和文化历史知识等，能够激发设计师思考，获取新的灵感。美术馆的物品根据展览的不同也会有不同的趋向性，一些美术馆更倾向于展陈一些纯艺术，如绘画、概念作品、雕塑、电影、装置艺术等；有的美术馆是倾向于设计类的展馆，如伦敦设计博物馆（Design Museum in London）、纽约的库珀·休伊特国家设计博物馆（Cooper Hewitt National Design Museum）；还有一些美术馆专门展示当代工艺和技术。通过一些推文或者展馆的官方网站，能获取展馆的最新信息。设计师只有通过不断获取新鲜资讯，才能保证自己与时俱进，跟上时代潮流。

（二）调研方法

通过调研获得二手资料的途径一般是图书、杂志、电影，或从其他设计人员的成果中搜集。二手资料相比设计师获得的一手资料更加多元化，其中很多是设计师通过自己的感受无法获得的，如用显微镜看雪晶、细胞，或者血管是如何分支和流动的等。通过二手资料的分析，能够让设计师较好地理解一些装饰设计理念，同时还能了解纺织品设计的行业背景。但值得注意的是，无论是一手资料还是二手资料，资料获取的途径都不应该是单一的、片面的，应该将两者结合。将获得的二手资料结合自己的第一视角去感知，可以得到更多的启发和感受。

博物馆是进行调研、获取二手资料非常好的地方，这里有很多的文物可供人们欣赏。通过参观博物馆，设计师可以获得新的启发，但是设计师绝不能仅从一个灵感源中简单地复制设计品，这至关重要。作为一个纺织品调研者，要辨别和寻找未被加工过的灵感来源，然后发展为自己的设计作品，要多关注、多学习文化艺术的其他领域，观察图案、组织以及纺织品结构中的工艺。通过观察和学习，再进行梳理、创作，获得属于自己的独一无二的创作灵感来源。

（三）调研的实践与呈现

设计调研是围绕主题所做的调查与研究，是进行设计项目的基础，是一项具有创造性的工作。设计调研可以如图7–3、图7–4所示的方式进行最终呈现，将给予灵感的一手资料和二手资料汇集在一起。从设计的角度来讲，如果最终要呈现一个好的设计，那么设计师就要成为这个方面的专家，针对所确定的主题充分调研。以“西藏”为例，如果选择以此作为灵感来源，那么一定要成为“西藏”方面的专家，要对“西藏”进行全面的了解，如海拔、气候、温度、食物、文化、语言、艺术形式等。只有更加深入地了解主题以后，才能更好地完成设计。其中，特别需要注意的是，最终的呈现不仅要展现出逻辑关系，还要保持一定的美感。

图7-3　学生作品21

图7-4　学生作品22

在调研中，会逐渐积累大量的图片，此时可以创作一个情绪板，就是在一个展览板上，通过筛选汇集对于主题词的理解最具代表性的一些图像。如图7-5所示是关于主题词“热带鱼”的延伸，通过头脑风暴，最终确定“鱼鳞”和“渔网”为主题词的延伸，针对这两个分支进行主题调研，然后将所搜集到的一手资料和二手资料集中到情绪板上。在元素的选择上，除了要有代表性之外，还要注意多元性。所以，设计师在挑选图片做情绪板的时候，要精心挑选、精心排列，才能为后面的设计打好基础。

图7-5　学生作品23

在进行调研的过程中，也可以做一个色彩板，即能够表达主题的比较有意思的颜色，可以通过电脑将这些颜色提取、排列。当然，无论是情绪板还是色彩板，随着调研的深入都可以不断地更换图片，最终找到最想展示、表达最为准确的图片。如图7-6所示为学生所做的色彩板，通过明确主题颜色，确定最后在图案设计与产品呈现里要呈现的主要色调。

为了最终呈现出较为理想的情绪板和色彩板，拼贴是一个非常好的选择。拼贴能够帮助设计师更好地发展主题，找到一些更有趣的创意点，进行深入设计。拼贴的种类一般分为三种：第一种是艺术家专门用拼贴这种艺术形式作为视觉输出的方式，拼贴完成的效果图即艺术家完成的成品效果；第二种是创作过程的展现，作为设计师艺术创作的记录或者一些视觉试验，这种拼贴形式在插画设计中也会涉及；第三种是在平面排版或者插画排版的时候，尝试用一些已有的素材进行组合，起到装饰、氛围渲染与完善主题概念的作用。在纺织品图案设计中，经常用到的是第二种。通过拼贴展现创作过程，一般需要注意四个步骤：首先是撕剪重组。在这个步骤中最重要的是重组，在撕剪完所有要组合的元素后，一般遵循先放大件再放小件的原则，就如素描中先明确轮廓再绘制细节的方法一样，这样更能确保构图的完整性和画面构成的舒适性。其次是艺术效果渲染。在撕剪完成所有的元素之后，可以进行一些艺术效果的渲染，如贴、缝、撕、裁等，或者结合其他材料，或者用不同的手绘方法与材料等，也可以使用电脑进行后期处理。再次是文字注释。如果想要拼贴的层次更加丰富，也可以在拼贴创作中加上一些文字注释。文字能够极大地增加拼贴的层次感，特别是在过程记录的拼贴创作中，文字不仅要有美感，还要有情感。最后是综合材料。设计师可以在这一步中，即整体效果基本完善的前提下，添加2~3种其他材料，不局限于一种材料的拼贴创作往往看上去更加生动有趣（图7–7）。

图7–6　学生作品24

图7–7　艺术拼贴方式

Tips：拼贴小练习

1. 材料：铅笔，炭笔，色粉，毛笔，马克笔，彩铅，丙烯笔，水彩颜料，丙烯颜料，油画颜料，水粉颜料，数码产品，手作综合材料。

2. 方式：速写，素描，国画，水彩，油画。

3. 风格：写实，写意，渐变，平涂，数字艺术，叙事。

准备A3或者8K大小的练习本，从上述三点中所罗列出的材料、方式和风格大类中选择3~4种材料和一种风格，结合不同的方式做拼贴小练习。

第四节 灵感翻译

经过前期充分的调研工作，可以得到非常多的灵感素材，针对所需要设计的主题已经有了非常充分的了解。但这个时候，无论是一手资料还是二手资料，仍然不是设计师本身灵感的转化，下一步就要用自己的艺术手法将设计灵感转化为自己的艺术表达，即灵感翻译。灵感翻译的手段包含肌理、手绘及其他艺术手法。

肌理的形式有很多种类。肌理的效果表达，一般是手绘较难自然体现的。在进行灵感转化的过程中，可以首先思考：有什么物品是跟主题词、关键词相关，可以进行拓印的？如主题词为“酒”时，可以尝试拓印啤酒盖等物品，得到一些手绘展示不出的肌理效果。也可以根据主题的选择，自己创作一些拓印素材，达到想要表达的效果。如图7-8所示是通过硅胶板的刻画形成的不同肌理效果的纹样。通过不同材质的拓印，结合正负形，能够形成不同的效果，如主题词为“自然”时，可以将树叶、花卉等材料沾上颜料进行拓印（图7-9）。

图7-8 硅胶板刻画

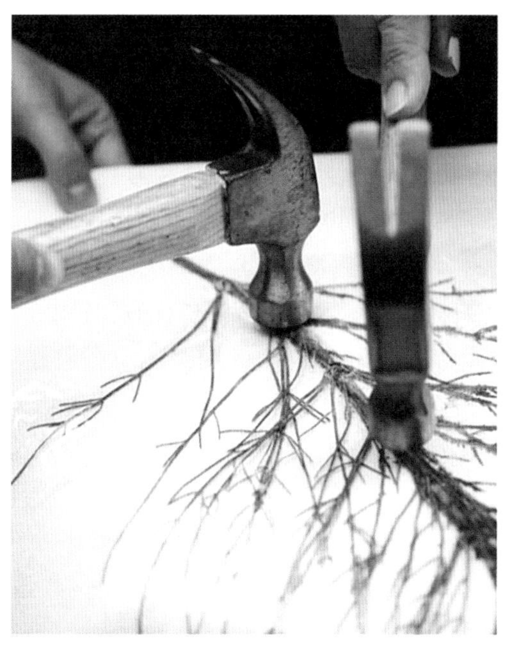
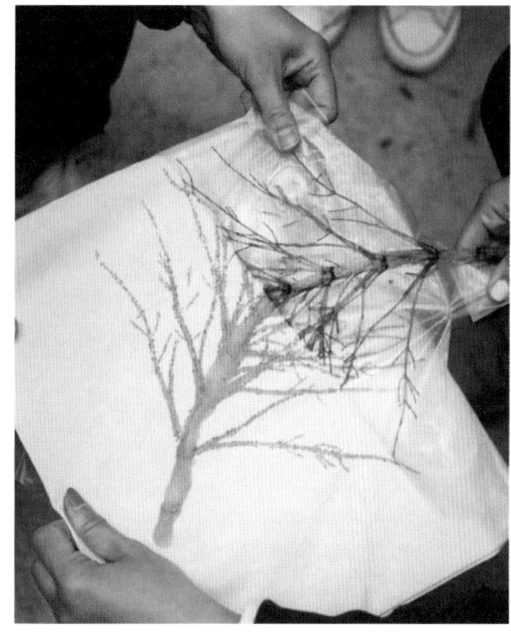

图7-9　树叶拓印作品1

当然，想要表达主题词，不仅可以采用拓印的方法，也可以和手绘等形式相结合，从而表现出更加理想的效果（图7-10）。

图7-10　树叶拓印作品2

除了拓印外，通过手绘的形式进行转化也是较为常见的一种方式。如图7-11所示是学生观察苔藓的照片后进行的提炼与绘制。在绘制的过程中需要注意，对于同一个物体的同一个元素，通过不同方式的观察，如设想该物体大倍率缩小平铺，或者大倍率放大后的细节，能翻译出不同的效果图案。如果觉得入手困难，可以通过一些小的练习入门，如限制时间观察同一个物体，抓取特征或者肌理。开始的时候，可以设定为1~2分钟，往后逐渐递增至5分钟。在绘画过程中，通过不同角度、不同方式，尽可能多地提炼肌理效果。因为每个学生有属于自己的独特的手绘语言，有自己的绘画方式，所以这样的练习还可以分组进行，如5人一组，并于观察结束后交换学习，了解别人和自己观察同一物品后绘制出的效果有何不同，以及他人的观察角度等，以开拓自己的观察能力，最终获得独特的灵感元素。

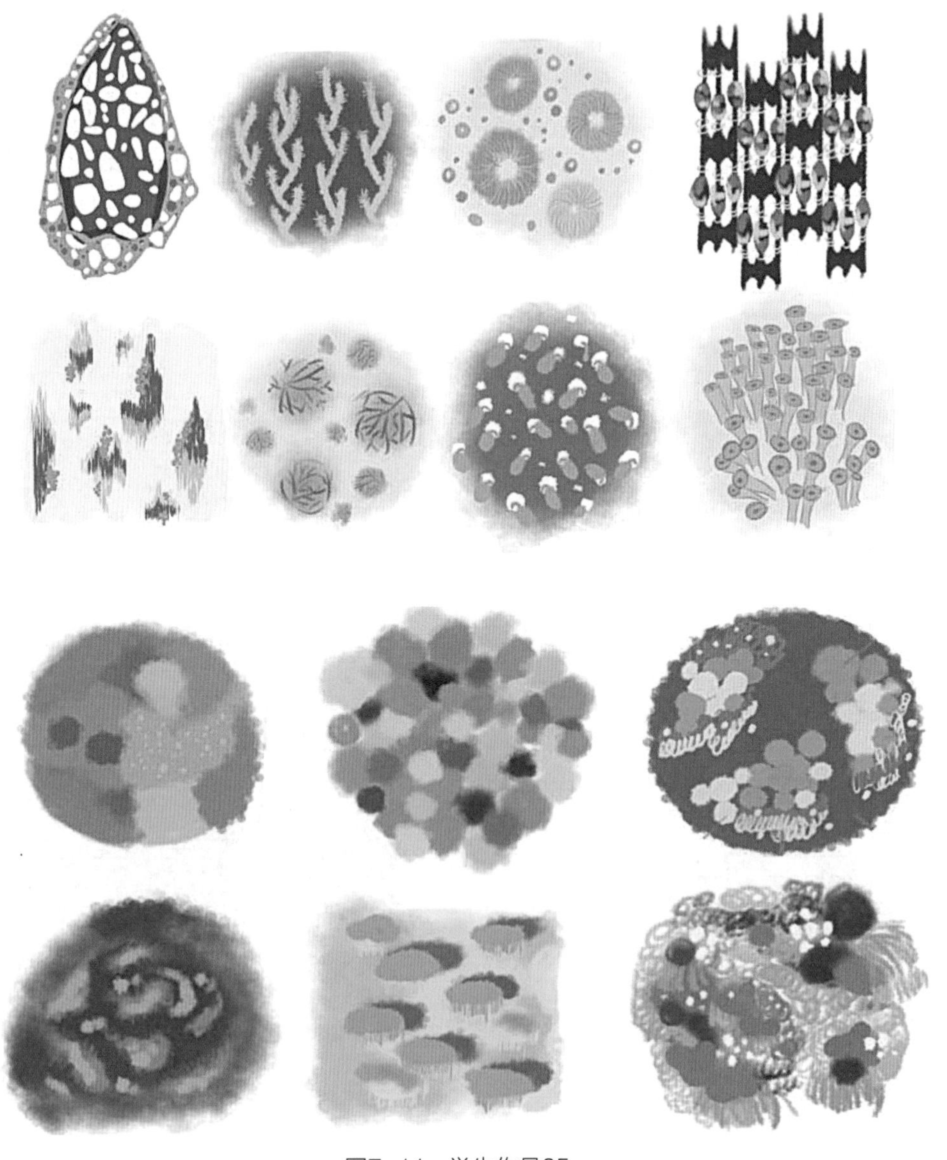

图7-11 学生作品25

除了肌理和手绘表现的图案效果外，还可以用摄影的手法提取纹样。很多图案，无论是出现在家纺上还是衣服上，用到的都是真实的图片。这些图片不是直接拿来用的，而是经过了二次处理。需要特别注意的是，选择照片时应尽量使用一手资料，即自己去观察和拍摄，再通过二次处理进行转化，得到属于自己的设计元素。如图7-12所示的设计作品即通过拍摄贴在玻璃上的透明有色贴纸，淋上白色乳胶，结合电脑处理得到的设计纹样，简洁大方且非常具有新意。

图7-12 学生作品26

另外，可以借助一些较为有趣的工艺，如浮水画的形式，即用添加过胶质材料的颜料在水上进行绘画，然后将水上的颜料吸附到纸张上，再扫描进电脑中，进行排列制作。比如有的学生主题灵感词为“咖啡”，咖啡的拉花造型和浮水画的感觉非常相似，就可以通过浮水画的方式表达主题词，进行创作。设计者可以根据主题词的不同，运用各种有趣的工艺进行灵感翻译。如图7-13所示的纺织品图案，灵感词是“蜡烛”，设计者将白色蜡烛滴到黑色卡纸上，让蜡液自由滴落，通过层层叠叠的蜡液堆叠，达到富有立体感的效果，再结合电脑处理，最终得到富有创意的肌理效果。除此之外，设计师还可以尝试其他工艺，如“蓝晒”（图7-14），即将植物的叶子放到刚染色还未晒干的纸上，将布片和纸张一起放到太阳下暴晒，植物会吸收纸张上的颜料，等晒干后，拿掉树叶，便可以得到有植物轮廓的蓝晒图案。

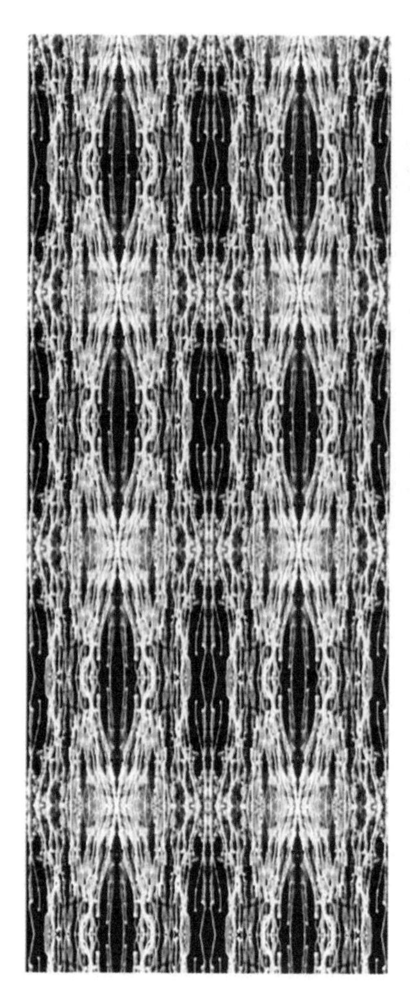

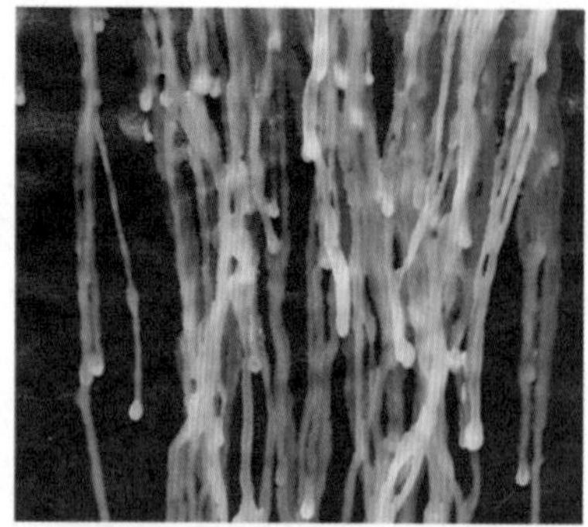

图7-13　学生作品27

图7-14　苏菲·莱布尔（Sophie Lécuyer）蓝晒作品

第五节　元素排列与组合

通过灵感翻译得到一系列较为有趣的图案后，要将这些设计元素按照一定的审美法则进行手绘排列，或将元素扫描到电脑里，用PS软件来排列。相关的审美法则在之前的章节中介绍过，如平接、跳接、满地纹、清地纹等。如果选择手绘作图，一般会先在40cm×60cm的纸上画好花卉，再用扫描软件或扫描仪将画稿扫描到电脑中，用PS软件进行图案排列。在排列方式上，除了用单一花卉进行复制与重复外，还可以手绘、扫描多个独立纹样，在电脑里将几个图案组合到一起，拼接成一幅完整的图案。

如图7-15、图7-16所示是学生以松鹤延年为主题，将松树、丹顶鹤、花窗这三个主元素通过不同的排列组合，用PS拼接得到三幅图案。这三幅图案分别对应两个方巾图案和一个长巾图案。其中，上面的两幅图案由三个主元素通过不同位置、序列的摆放组合成不同的效果；下面的方巾图案效果饱满，不仅在构图上补充了更多的摆放序列，在添加元素的品类上也更加丰富，通过主次块面的合理组合，结合巧妙和谐的配色，整个画面非常丰富且保持着明晰的节奏，饱满且和谐。

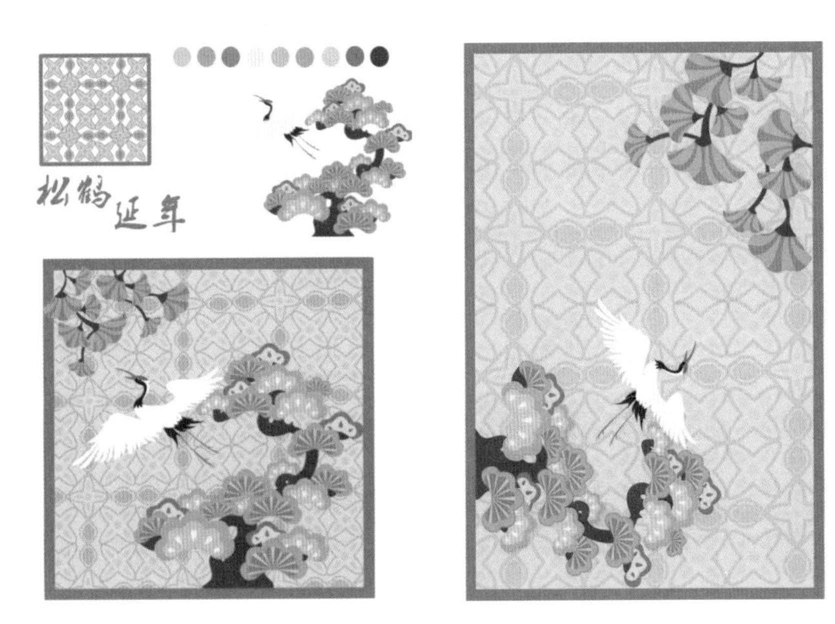

图7-15　学生作品28

如图7-17所示，左边的图案为一个单一花回，通过二分之一跳接法组合成右边的连续纹样，花鸟相栖。这个纹样将传统花鸟图案以更加现代的风格呈现，同时叠加鸟笼等元素，使前后关系更加明确。整幅作品运用清新淡雅的色调，视觉上给人更舒适的感受。跳接工艺在纺织品图案设计中较为普遍，也是初学者需要重点掌握的设计方法。无论是机织工艺还是织锦，或是提花面料，都是在电脑中输入单一花卉，再经过无限跳接，形成无限长的面料。跳接的设计方法在纺织品产品和平面设计产品的使用上有较大的区别。平面设计花纹基本以独立纹样居多，而纺织品面料受到功能和需求的影响，生产模式上基本保持固定宽度，而长度不受限制，这就需要在设计面料的时候考虑到如何“回位”，从而保证在生产的时候能够顺利接版，保持生产工作的连续性。跳接不仅能够保证画面的连贯性，方便大规模地生产，还能够让画面更加丰富，是初学者较容易掌握的设计方法。

图7-16 学生作品29

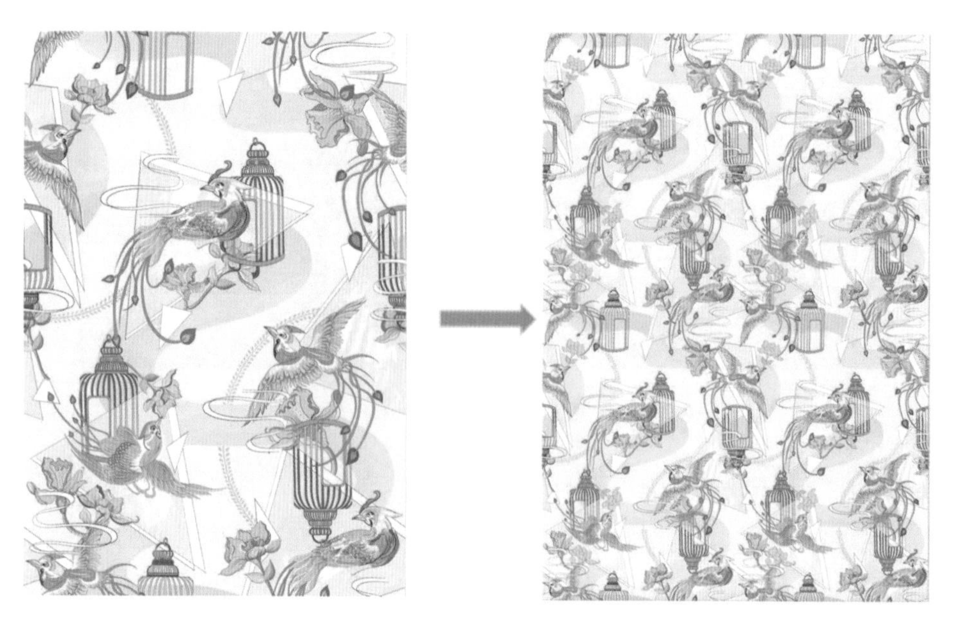

图7-17 学生作品30

第六节　效果图与制作产出

在设计纺织品图案的时候，对于产品的最终运用需要提前进行考量，即思考这个图案比较适合应用在哪些产品上。在之前的章节中有提到，纺织品图案设计的适用产品类型涵盖服装、家纺产品和文创产品等，为了验证设想是否合适，可以将设计稿用PS软件进行效果图制作，从而更加直观地判断产品的效果是否符合预期。效果图的制作，除了模拟花型是否和产品适配外，还能判断花型的尺寸和位置，即通过已知的既定物品的尺寸，如衣服、床单被套，反推出花型中具体图案的预设尺寸，从而判断电脑中的设计图稿中花型的密度和花型的位置如何设置。

通过绘制效果图，可以模拟出产品的最终样式，以判断图案是否满足产品所需的功能，可以帮助设计师更容易地开展设计工作。换言之，这样做能让设计师对自己的设计有充足的把握，并且能在任何时候对不满意的设计进行调整。此外，当设计师想把自己的想法展现给别人的时候，最有说服力的就是一张效果图，用效果图来向顾客解释产品的设计效果比只用文字来解释要好得多。

印花图案对于产品营销具有较强的正向作用。例如，公司可以让印花纺织品工作者发挥他们的个性，基于纺织品图案的印花生产一些有特色的包装或品牌标志。在设计行业，竞争是十分激烈的。当一家公司有两个相同经验的应聘者面试时，如果其中一人不仅能画出自己的设计图，还有能力展示如何针对这些设计进行品牌推广和销售，那么他就更有可能被录用。

纺织印花布的效果图通常有以下两种制作方式：一种是利用已有的图样、照片或其他产品的图片进行设计，这通常是对一个产品的精确描述；另一种是运用更加风格、更加艺术的技巧来展示作品，显示作品的设计意图，这样的方法更能激发人们的情感，也能体现产品独特的设计理念。

为了能对室内装潢、服装或其他产品上所做的织物印花图案进行直观展示，可以从两个不同的方面入手绘制效果图。其一，首先建立一个包含其他插画家和设计师的图书资料库。这个资料库不一定包括印花图案设计，但一定要有你喜欢的绘画风格和想尝试的技术，需要关注的是风格而不是内容。要确保资料库使用起来方便、快捷，具体的资料可以收集到速写本上。同时还要关注网络资源，如一些有趣的推文或者图像网站。另一种绘制效果图的角度与前文所说的有点相似，但是更加集中于产品本身。这个时候，要尽量多地搜集自己的绘画和摄影作品，然后将那些觉得有帮助的图片组合起来，形成一本“产品相册”。假如正在进行的是室内设计的效果图绘制，那它可能是从建筑图像或你自己的纺织产品中提取的设计元素。在设计服装印花图案时，也可以收集服装发布会的图片或者从时尚杂志中寻找绘画的灵感。

在实际应用中，效果图能让我们清晰地了解最后呈现出来的图案风格。效果图不需要太多的细节，但是要保证设计的尺寸和比例是正确的。对于初学者来说，当他们设计衣服或者产品的时候，可以用这个方法多进行练习。比如，在绘制之前，可以先测量产品的基础尺寸，并在绘制过程中将其主要尺寸标注出来。通过以上几个关键点，可以勾勒出一个产品的外观轮廓。设计师往往先用铅笔画出草图，当效果达到理想状态时，再用钢笔画出准确轮廓。另外还需要留意，如果用钢笔绘制图案，线条的粗细会对图案的风格产生很大的影响。所以，为了避免线条影响整体效果，可以尝试把轮廓线做大一点，对于其他重要的构造线，可以用中间粗一点的线，而缝合线则可以用细一点的线来表示。

当然，也可以使用专业的数字媒体技术或软件来辅助绘制效果图，如AI、PS等。如图7-18所示的效果图是学生自己做的印花预设。因为设计图稿有较为丰富的层次，所以这款图案不仅适合以连续纹样的形式展现，还可以以独立纹样的方式运用在产品上。在产品的选择上，学生选择了帆布包、邮票、苏扇、化妆包等。选好产品后，在网上寻找、筛选符合设想的产品图片，再用电脑软件将图案放到不同的产品上。其中特别需要注意的是，需要思考印花图案的大小和产品是否适配，通过不断调整，找到符合自己预想的花型尺寸。

图7-18 学生作品31

第七节　制作作品集

作品展陈主要有两种方式：一种方式是实物制作的展示展出，但是成本较为高昂。对于设计作品的展示，大多数会选择另一种方式，即通过归纳整理，最终以纸质作品集的形式展陈。作品集的制作，不仅能够将自己较好的设计作品归纳成册，利于保存且能给之后的创作带来灵感，还便于开启在纺织品印花图案设计行业的职业生涯。作品集是求职必备的材料，无论最终是想进入设计公司或是代理机构，作品集都可以帮助你得到自己期望的工作。

关于作品集的制作，要注意几个方面：主要内容的表达是作品集的核心，设计师需要通过作品集展现独特的设计才能，所以在作品集中，设计师需要多元地展现自身设计优势，这样才能让潜在雇主和顾客更加全面地了解你，帮助他们判断你的能力是否是他们想要找寻的。其中特别需要注意的，也是学生作品集中容易忽略的是，在作品集中不仅要将优势、才能展现出来，还要注重多元性，即一定要展现出你有多种不同的设计方法，能够设计出丰富的设计作品。因为作品集的功能性，所以要做得非常专业并能展示出你最佳的工作优势，以在使用作品集求职或销售的时候，使观看的人能很快发现你的才华，而不会因为过于简单或过度烦琐的内容分散注意力。因此，制作一个完美的作品集是一项非常有价值的投资，最好能达到可用几年的好质量。

在制作作品集的时候尽量使用白色的背景，这样可以让作品集整体看上去协调且简洁，同时要注意适当地留出一些空白，不要让每一页内容都占据过多，保证画面的信息量适中。如果可能的话，尽量使用同样大小的页面，并且保持正常的顺序，尽量让所有的内容按照一致的方向进行排列，因为横向和纵向的安排将使人们在阅读时产生不适。在服装图案设计展陈中，一般是A3或稍大的尺寸，室内图案或者家居图案的展陈会再稍大一点。如果作品集中包含文字，那么在设计排版时需要对文字进行排版，进行一些控制和设计。另外，需要注意的是，作品集的展示“重质不重量”，并非要将做过的全部工作都展示出来，而是选取那些最好的作品。因此，那些不太令人满意的设计可不必放入其中。

对于作品集的制作，其陈列形式最好方便增加和移除，以便于编辑和调整。因此，在设计册页时可以不编页码或采用双面打印的方式。但也有例外，如当作品集只是为了展示工作而收集一些设计，并不用作个人能力的展示时，可以将它做成数字文档并在需要时随时更新。如果作品集是手工装裱的，那么一旦有磨损，需要重新装裱。当然，装裱的目的也是保护设计作品。

在确定了作品集的形式后，在制作过程中尽量保持形式上的统一。可以将效果好的手绘作品和数码作品放到一起，但是要注意，一定要保持秩序性，不能因为种类变多而影响整体效果。如果采用数码技术制作，应选用自己熟知的软件。如果是手工制作，请务必选择使用方便的工具，如用一把快刀做裁剪，以保证每张纸都能准确对齐。在制作过程中，要反复核对校准，以达到理想的效果。因为涉及版权问题，所以在作品集的制作中不要过多地展示他人的设计，如果的确需要，最好的方法是在灵感来源部分，把它当作例子来引用。即便是使用图片，也最好选择占用版面小的而且要标注文字予以说明。制作作品集的过程非常烦琐，所以不要在最后的时候才开始动手准备，而应该保持实时更新的状态，不断加入新的思考和设计。

纺织品印花图案设计师在为家具或室内装饰制作设计稿时，一般在画稿的正面只画图，而在画稿的背面会附上一两个配色方案（多按原图案整体或部分缩小），以及整体效果图。如果是通过电子的方式展现，那么可以将这些附件加到介绍的后方，其中特别要注意内容的排列和尺寸的放置。如果是制作服装设计等与时尚相关的图册，那么配色方案、款式图等一般会放在设计的下方，如果无特殊要求，并不用特意注明色号。其中，款式图不用详尽地表现印花效果，只需简单表述即可。与室内图案的效果图相比，服装图案的设计效果图一般尺寸较小，8cm×8cm即可。为了让图案在组合的时候保持固定的尺寸，可以在设计背景的白色空间部分绘制预定尺寸的细黑线，这种绘制方式还适用于礼品设计等需要精确尺寸的设计工作。

现在，越来越多的设计师更倾向于使用电子文档来展示设计作品，如设计师会用幻灯片来播放有特色的图片或者使用一些排版软件来编排他们的作品进行展示。如果采用电子文件的方式完成作品集，以下三个步骤会有帮助：首先，使用PPT做一个简介。其次，将文件和照片保存在小型镭射盘（CD）里，或者将它们做成可携带文件（PDF）格式，保存在电子文件夹里。最后，通过建立网站的形式，在上面放置有关的作品和设计，进行系统的展示。除了设计网站外，在网络媒体日益发达的今天，还可以通过博客等渠道来展示。特别值得注意的是，当你打包文件或将设计工作放到网上的时候，可以试着不用全尺寸，只用部分图片来展示，并且打上水印，如名称、有版权的标志或文字、照片、制作时间等。水印的制作可以通过PS软件中的透明层来实现。通过这种方式，不仅可以让观众在荧屏上欣赏到设计师的原创设计，还可以防止图片被他人盗用。通过电子文档的方式打造作品集，较大的好处就是能够在互联网上高效地投递。

为了让展出效果更加生动，除了作品集外，还可以用实物样品的形式来展示。这种展示一般分为两种：一种方法相对容易一点，就是制作一个织物样品。但是如果是时尚行业，一些面料设计工作室通常会采用另一种方法，展示样衣的方式来展现面料，如将印有完整花纹的面料裁剪、缝制成形，做成特定的服装款式等来展示。总之，无论采用何种方法，织物均应与其所设计的尺寸相符。为了避免在运输途中出现问题，可以扫描成品图片或者质量好的织物样品图片放到运输的箱子里，从而保证拆封组装的效果和理想效果保持一致。

【思考与练习】

1. 获取一手资料和二手资料的途径有哪些？列举获得一手资料或者二手资料的案例。
2. 一本好的作品集需要具备哪些特点？
3. 怎样在作品集中展示独特的设计？
4. 尝试进行作业整理，制作一个作品集。

第八章 纺织品图案设计师的职业素养

课题名称： 纺织品图案设计师的职业素养

课题内容： 1. 纺织品图案设计师职业概述

2. 纺织品图案设计师的行业要求

3. 行业优秀设计师介绍及案例分析

课题时间： 12课时

教学目的： 主要阐述纺织品图案设计师的职业、行业标准，以及介绍一些行业优秀的设计师并进行设计案例分析，使学生了解纺织品设计从业者涉及的领域和范畴，以及一些工作注意事项、优秀范例等，让学生对于纺织品图案设计的未来从业情况有一定的了解。

教学方式： 理论教学

教学要求： 1. 使学生了解纺织品图案设计师的工作内容。

2. 使学生了解纺织品图案设计的从业领域。

3. 使学生掌握纺织品图案设计的行业标准。

4. 使学生了解并学习优秀的行业经验。

第一节 纺织品图案设计师职业概述

一、纺织品图案设计师工作内容

目前，我国专门从事印花工作的设计师分为多种，有的专门成立了自己的工作室，这类人群对于专业度的要求极高，一般于国内最顶尖的花型设计专业毕业，业务水平过硬，抗压能力较强。较为常见的工作方式是以雇佣者的形式被单一的单位聘用，从事整个行业链中的一个环节。纺织品图案设计师的核心内容是创造商业上切实可行的印花图案以满足特定客户的需求。生产出的图案从草稿到落地需要经过多轮调整，可能被重新设色、改变大小，也可能设计元素被换位或被改变，还有可能被拆分出来成为别人画稿的部分元素（非成品）。目前，很多国内的设计公司会大量购置国外设计师的画稿作为灵感来源，让自己的设计师将购买的画稿元素打破重组，完成与自身公司风格相统一的设计画稿，最终生产产出。

一般采买国外的设计画稿时，会通过专门的代理机构进行交接。有些代理机构专注于某一特定市场，有些代理机构会将其所代理的产品销售给非常广泛的顾客群体。大部分代理机构都与多个国家合作，有严格的组织架构，每个人分工明确，有销售人员、营销人员、设计师等。对于收入，设计师和代理机构主要有两种结算方式：一种是无论代理机构卖出了多少作品，都会向设计师支付固定的薪水；另一种是按照销售收入的一定比例来支付。在营销方式上，主要有三种：一是以预约的形式向潜在的顾客直接展示自己的作品，一般是在相同的时间和地点与选定的顾客见面；二是以展览会的形式，由代理机构租赁场地，交易会空间一般以平方米付费；三是致力于客户的委托设计。代理机构会进行简短的介绍，然后把工作交给设计团队去完成。

作为一个从业者，必须有能力在技术范畴与美学决策之间进行权衡并直观、简洁地给出答案。对于产品花型的设计是一个长链条的环节之一，却是对终端产品极具影响的重要一环。从商业的角度来看，将印花图案和商品结合，会提高商品的需求性。在物体上印图案，如印在一件家具的面料上，不会影响产品使用，因为它不会延长家具的使用寿命，在触感上也与没有图案的同种面料没有什么区别。但是，花型设计的好坏，能够影响消费者的购买意愿，对消费者的购买选择具有重要的影响，同时也给予了生产商一个提升产品吸引力和利润率的机会。

二、纺织品图案设计师工作领域

一般情况下，纺织品图案设计师设计的花型主要应用于以下几个领域。

（1）家居：主要是指家居织物上的花纹，如床上用品、窗帘、壁纸、挂毯、地毯等，以及室内其他能增加花纹的空白平面。此外，也包含厨具、陶器及类似产品，或有可能兼具礼品作用的瓷器。

（2）服装：主要是指男性、女性或儿童所穿的服装、鞋袜、配饰和其他与之有关的商品。

（3）礼品和文具：主要包括包装纸、卡片和任何带有图案的文具、笔记本的封面、文件夹和类似产品的花型。

（4）其他：对潮流进行调研或预测的机构，以及造型设计、品牌策划、美术指导等。

在设计学院成立以前，设计师要从学徒开始，从各种途径中获得技能，如复制已经存在的版型，帮助前辈设计师进行印前工作准备（如将图案分色）。近年来，很多设计人员开始转变工作方法。许多人，特别是创造性行业中的一些人，工作方式逐渐多样化，将自由职业和专职工作结合起来。这样的工作方式为其后期的发展奠定了多种可能。随着工作经验的提升，设计师逐渐积累资源，拥有了一些提供定期基本收入的特定客户，这就给设计师们创造了可以涉足高风险工作项目的机会。

尽管在这一行业中存在着很多具有创意的设计，但是它们在趋势上的转变相较于时尚行业要缓慢得多，因为在时尚行业特别是服装行业中，流行的周期非常短暂，一般半年左右会自动更新。而在家居设计中，较为火爆的产品能够维系的时间相对更长久，可以不间断地生产。

在时尚，纺织品印花图案设计师（也称花型设计师）一般会独立存在，最后的服装整体效果由花型设计师和其他设计师合作完成。对于花型的运用，满地花式是很常见的。随着数字化技术的逐渐成熟，大量的图案设计不再拘泥于传统的无限循环重复，开始针对不同的服装部分设计独特的印花，如为T恤设计单一的图形或平面纹样，或者用其他印花工艺把图案放置在服装的一个特定部位上。

在其他行业的印花和图案使用方面，礼品、文具以及其他领域的设计师们在很多案例中会运用另外的技术将印花图案转移到产品上，如平版印刷和陶瓷转印工艺等。

第二节　纺织品图案设计师的行业要求

一、行业要求

在设计生产中，设计师一般会遵循一定的行业要求。其中服装或家具行业的个别公司会有一些特定的要求，但基本的行业标准在大部分的雇主和客户中已被认同。对此，纺织品印花图案设计师可以针对性地参照，从而明确工作准则。对于工作标准的影响要素，如产品销售的季节、趋势预测或预测的使用以及对特定目标客户的设计要求等，都有标准的做法，需要设计师学习了解并掌握。

季节因素是纺织品行业需要考量的因素，在服装领域尤为重要。例如，夏季的时候人们会穿得比较凉快，冬季的时候会穿得较为暖和。所以，大部分服装零售商每年会有两次大规模的采购机会。有些品类的零售商全年都会不断上新货，但是总体来讲，一年两次的进货频率是较为普遍的。根据这个总体趋势和需求，时装发布会和流行趋势的发布相应地也一般分为春夏和秋冬两季。室内家居的更新频率和数量稍弱于服装行业，但是也有固定的循环周期，设计师需要对每一季的流行颜色有敏锐的洞察力，如春夏系列的用色要比秋冬系列的用色更加明亮和轻快。另外，由于季节因素，会导致某类产品在一年中某些时期出现较高的销量，在这一时期产品对于相应印花的需求会大量增加，如夏季的游泳衣等。对于自由设计师来说，随意性会稍高一点，可以在不同的领域按照不同季节的需要进行设计工作。尽管商品交易会可能针对特定的季节，但也不会只看到这一季的商品。举例来说，有些参展的买家希望能够找到不同于其生产周期的、较为独特的花型图案；还有的买家在产品的设计属性上，并未限制产品只适用于特定季节，那么其对于花型的选择范围会放宽一点儿。

除了季节因素外，流行趋势预测和预报也是设计师需要考量的因素。最初，没有成熟的流行趋势预测和预报体系时，新的想法和灵感在业内往往以线性的方式进行传播，并且创新高频地出现在高端市场。一些下游端公司会按照高端市场的走向，参照流行趋势设计新的图案，并按照目标客户的喜好和预算，完成适合自己公司销售的产品。当时，一些高级时装品牌为了开拓大众市场，会不惜重金开办大型发布会以邀请更多的公司参与，有时甚至会提供纸质或面料制作的服装样品。在发布会上，官方的画图或摄影都是被禁止的，即便允许拍照，这些照片也不能提前发布，为了保证客户享受到的是最前沿、最时尚的资源，这些资料要等到时装客户订到他们的服装或大众市场的客户开始生产后才能公开发表。从19世纪60年代起，设计师不再局限于从高端市场寻找设计灵感，他们开始变得更加自由，个性化的产品设计越来越多。此时，整个商业结构开始变得越来越复杂，大众市场的生产商意识到，传统的、从高向低的、逐步过滤的设计方式比起一些新设计师的工作模式显得过于老套。这一时期，趋势预测公司开始大显身手，向制造商提供有关流行趋势和灵感启示的服务，他们的图纸往往来自世界各地，能够开拓设计师的创作思路，带来更为多元化的设计作品。此时，纺织品印花图案设计在流行趋势中已经成了非常重要的一部分，因此提供印花图案的流行趋势也成为预测公司的服务项目之一。流行趋势的纸质期刊一般按季出版，一年两份，分为春夏版和秋冬版，这些流行趋势预测的内容会比当季提前两年开始进行。近几年来，随着网络资讯的快速更新，在网上订购流行趋势服务的顾客日渐增加。另外，也有一些流行趋势公司提供咨询服务，为客户量身打造满足其需求的流行资讯报告。

二、目标客户与市场

不管是服装设计部门还是纺织品图案设计部门，都要清楚明白顾客要的是什么，以及如何通过印花设计满足顾客对于产品外观的要求。若只从营销的角度来看，可将纺织品图案设计视为一种提升其附加价值的手段，从而吸引特定顾客。对许多商品而言，款式通常与顾客购买与否密切相关。有时候，顾客购买一件商品，其外观的魅力甚至可能超过商品的功能性。因此，要掌握如何使产品更能吸引消费者，才能做好商品营销。

为了让设计出的产品更能受到消费者的青睐，在设计之初，预设好产品的目标客户是非常重要的。关于预设目标客户，一般可以从几个关键点入手：首先，假如是为某一家公司做设计，那就必须了解这家公司的业务范围、要做什么季节和哪些方面的设计。其次，要着眼于设计所针对的具体部门，如设计的是具体哪一类的衣服。最后，要多留意同行中的竞争者。举个例子，可以关注某个具有一定价格标准的商品（如一款经典衣服），然后对比那些以相似价格销售产品的公司（因为这些公司的销售针对的是同一类型的市场），确定了同一水平的几个竞争对手后，比较他们是如何布局产品市场的，从而深入了解影响产品营销的关键因素。

三、其他

在确定了目标顾客和市场之后，按照不同的终端需求设计图案。如在服装领域，根据服装的不同分类（其中常见的分类有男装、女装、童装，此外还可按具体类别将服装分为运动服、牛仔服、休闲装、正装等），具体产品的倾向性也存在差异，如男性服装的色彩较女性服装会相对暗沉一些，花卉图案在女性服装中的运用相对而言也多于男性。年龄对服装的设计也存在着一定的影响，如很多高端品牌都将目标人群定位在18~35岁，是由于这类人群在服装上的消费能力比其他年龄段的人群高，而在这一领域的图案设计中，需要包含更多的流行元素。针对老年市场，设计师则需要关注那些比较经典的样式。

家具和室内装饰市场也可细分为众多不同的部门，而不同部门所涉及的客户也有所区别。比如，有的公司仅围绕地毯或窗帘做设计，有的公司注重整体的设计协调。比起服装的常换常新，室内装饰的更换速度明显要缓慢得多，一些较为畅销的印花图案会经久不衰，风靡很久。

第三节　行业优秀设计师介绍及案例分析

一、KENZO和高田贤三

KENZO是高田贤三于法国创立的一个品牌，他将东方的沉静意境和拉丁人的活泼相结合，大胆创新，融合了缤纷色彩与花朵，使其呈现出一种活泼明快、高雅而又独特的风格。

高田贤三的设计作品，不论在面料、图案或用色上，都有一种大胆明快的感觉，刺激着大众的视觉感官。这些独特的表达是高田贤三对纺织品的理解和其呈现出的艺术效果，也正是因为他的别具一格，成就了如今的KENZO品牌（图8-1）。高田贤三对面料的拼接、印染等改造方式的应用已经做到了极致，同时在服装图案设计领域也有极高的成就，他的纺织品图案设计风格可以总结为三个方面——“异域风情”“虹彩色调”和“欢乐之花”，三个方面不尽相同，却相互融合，使作品获得了更高层次的视觉享受。高田贤三偏爱东方瑰丽而神秘的色彩，通过大胆的用色，能够将各个民族的风格特质融为一体。在色彩运用方面，KENZO将夏季视为四季的主旋律，在颜色上不断融入更加缤纷绚丽的色调，如深葡萄酒红色、鲜艳的紫色、深沉的茄子色、卡其色和油蓝色是经常被使用的颜色。高田贤三喜欢像猫、鸟、蝴蝶、鱼这样充满活力的小动物，此外，他还特别倾心于花。他善于将大自然中的花、中国与日本传统服饰中的花朵纹样打破，用多种染色方式，如手工印花、蜡染等，进行重新组合并再塑造。除了花朵纹样外，高田贤三还会使用动物皮毛纹样，如老虎纹、豹纹等，结合大胆的配色，让服饰上的纹样既野性又霸气。

图8-1　KENZO 2022秋冬系列

二、爱马仕丝巾及其设计师们

丝巾有着悠久的文化历史，它所散发出的独特的艺术魅力，令人无法抗拒。在历史的变迁中，丝巾逐渐超越实用性的范畴，慢慢发展成展现生活格调的一种艺术形式。丝巾领域的佼佼者爱马仕，从1937年设计出第一条丝巾开始，其丝巾设计艺术至今已经走过近百年的发展历史。作为法国的一个经典品牌，爱马仕一直以来秉承着自己的坚持，以其极致的美和无懈可击的质量，在丝巾领域展现独特的风采。

1937年是爱马仕100周年纪念日，爱马仕的第一条丝巾也在这一天问世。这条丝巾是由骑士外套引发的灵感设计——家族成员罗伯特·杜马斯（Robert Dumas），运用自己非凡的艺术天赋，创作出了名为“女士与巴士”的丝巾（图8-2）。这个丝巾图案是根据当时一项很受欢迎的古老游戏设计的，用木雕版印制的，同心圆的构图形式也恰到好处地诠释着故事发展。丝巾一经推出，颇受好评，从那以后，爱马仕每年会推出12种不同款式的丝巾，图案经过重新配色设计后，至今都非常经典。爱马仕在以真丝为基础的斜纹面料之外，还开发了一些新的面料，如羊绒、褶皱丝巾等。

第四代继承人罗伯特当上了总裁后，致力于研发丝巾，将原来的丝巾的设计模式改为每年推出两个新系列，每个系列里有12款不同的丝巾设计款式。其中，有个不成文的规定，即一半是全新的设计款，一半在已有的丝巾基础上进行重新配色设计。当第五代传承人让–路易斯·杜马斯（Jean Louis Dumas）执掌后，爱马仕开始了自己的主题设计之旅。每年创意总监都会踏遍世界，只为找到能与主题气质相符的艺术家为其提供丝巾创意设计。待一切方案尘埃落定以后，丝巾会送到位于里昂的工厂投入生产。

图8-2　“女士与巴士”丝巾图案

因为主题设计的加入，让每一条爱马仕丝巾都充满了故事性、文化性、艺术性，将大千世界的繁华揽入丝巾中，每一条都值得被珍藏，造就了爱马仕的传奇篇章。皮埃尔–马利·阿让（Pierre Marie Agin），是来自巴黎的设计师。他成为爱马仕丝巾的设计师，缘起于朋友送他的一批祖母收藏的爱马仕丝巾。受到这份礼物的鼓舞，他主动与爱马仕公司联系，表达想要为他们设计丝巾的意愿，于是他开启了与爱马仕长达十年的合作之旅，也是通过这次合作，让皮埃尔名声大噪。皮埃尔的大部分作品都是从装饰艺术、大自然、传奇故事和动画电影中获得灵感，他一旦想到某个很好的切入点，就会将这个灵感用笔和纸记录下来，再在计算机上转换为数码形式。

运用软件存储灵感元素，就可以随时地对其进行重新组合搭配。皮埃尔一共为爱马仕设计过30多款丝巾图案，其中包含“神奇的伞”（图8–3）、“红心皇后”“延长号”“时光实验室”等经典图案设计。

吉安帕奥罗·帕尼（Gianpaolo Pagni）自2011年起与爱马仕公司合作，他最擅长的就是用自己制作的印章图案对旧有的丝巾设计进行二次创作，通过巧妙的构图，让其焕发出新的生机。“记忆”是吉安帕奥罗·帕尼创作的一个核心主题，它主要围绕着痕迹、材质、印记等元素展开。他用图章对“女士与巴士”这一经典款丝巾进行再创作，具有现代感的图章和旧图案形成的对比效果，使其产生一种光怪陆离的魔幻感（图8–4）。吉安帕奥罗·帕尼表示，

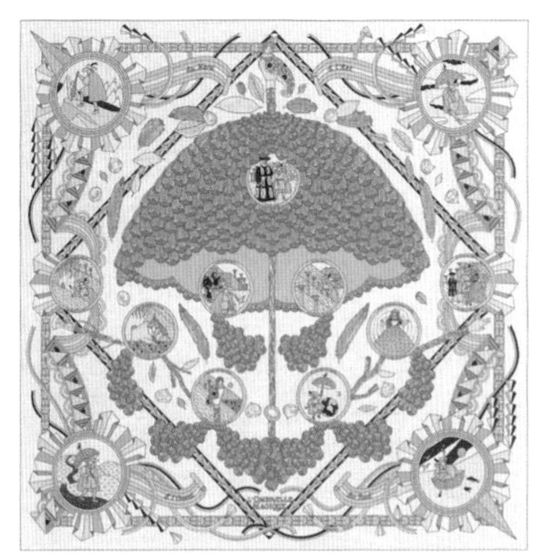

图8-3　“神奇的伞”丝巾图案

他会以一个想法为出发点，然后进行变化与无限创意，每一次摁下的图章都是不一样的，留下的印记也是不一样的。所以设计图稿和印制出来的方巾总有一些细小的出入，而这也是其价值所在。

图8-4 “女士与巴士”丝巾图案（再创作）

野村大辅（Daiske Nomura）是一位日本设计师、插画师，其为爱马仕设计男式丝巾。他说：“对于我来说，设计丝巾的内容远不止于设计，实际上更像是精心制作一幅图画。”在他的创作过程中，会从埃米尔·爱马仕（Émile Hermès）的收藏品中挑选几件，并将其与动画、漫画和游戏等元素融合，创造出一种奇怪的结合（图8-5、图8-6）。他的创作方式主要有两种：一种是类比，使用铅笔、橡皮擦、记号笔，这需要一种比较长久的思考性的方法；另一种是使用iPad去做设计或者绘图，做较快速的决定以及凭直觉创作。他希望人们在穿戴他的设计作品时，能读懂自己的故事，拥有感受愉悦的能力。

图8-5 “星辰合唱曲”丝巾图案

图8-6 “朋克骏马”丝巾图案

澳大利亚设计师丽兹·斯特林（Liz Stirling）在10年前加入爱马仕，她不但是一位丝巾设计师，还是一位“丝巾破坏者”和“丝巾重组师”，因为她的“任务”是将爱马仕数千条昂贵的丝巾切割成碎片，重组为带有强烈爱马仕符号的新艺术品。她用丝巾做了花、小马的造型，后来还把丝巾剪出图案，从一块丝巾里剪出花瓣，做成一朵花，然后把它们摆出形状，组成一个可以旋转的圆盘（图8-7）。她说：“当你开始这样创作时，就会感到越来越自由，创意越来越多。”

图8-7　丽兹·斯特林作品

奥克塔夫·马萨尔（Octave Marsal）与泰奥·德·盖尔茨（Théo de Gueltzl）曾经组过摇滚乐队，后来开始合作为爱马仕设计丝巾。他们的配合就像是四手联弹，任由想象力在这块丝巾上自由驰骋。他们说：“设计丝巾图案是个很漫长的过程，而且在这个过程中你很孤独。”他们的合作丝巾作品“牡丹幻境”展示了花朵倾压城市的景象，呈现了仿佛大朵牡丹花盖住了城市建筑的幻境（图8-8）。

图8-8　“牡丹幻境”丝巾图案

伦敦设计师阿丽斯·雪莉（Alice Shirley），至今为止为爱马仕设计了10款丝巾，大部分设计以动物、自然和濒危物种为主题（图8-9）。她就像一位悲愤的生物学家，想用她的作品来提醒大家重视生态环境。无论是五彩斑斓的海底世界，还是荒芜的原始丛林，酷爱探险的阿丽斯·雪莉通过丝巾这一承载物，记录五彩斑斓的旅程，最终呈现出缤纷的神奇效果。

图8-9 阿丽斯·雪莉动物、自然和濒危物种主题丝巾图案

乌戈·加托尼（Ugo Gattoni）是一位杰出的法国艺术家，对细节有着绝对的执着。他的插画以极简的笔触创造出栩栩如生的画面和无处不在的超现实主义，被誉为“视觉绘图魔术大师”，他以此获得了爱马仕的青睐。乌戈·加托尼为爱马仕设计的“Hippopolis”丝巾（图8-10），就像一个居住着滑稽马类的古怪城市，迷宫般错综复杂的马形宫殿，描绘出一个奇异的“马之国度”。

图8-10 “Hippopolis”丝巾图案

三、玛莉美歌和迈娅·伊索拉

迈娅·伊索拉（Maija Isola）的整个设计生涯几乎都与芬兰时尚家居公司玛莉美歌（Marimekko）紧密地联系在一起。玛莉美歌本在芬兰外无人问津，直到1958年，它在布鲁塞尔举办的世界博览会上展示，才走入更多人的视野。1964年，迈娅·伊索拉创作出经典图案“罂粟花”，成为波普时期纺织品的标志性印花（图8-11）。

图8-11　经典图案“罂粟花”

迈娅·伊索拉设计的面料取法自然，民俗艺术也是她的灵感源泉，早期的设计作品结合拍摄的黑白照片，大多采用真实的植物图案来创造花样。20世纪50~60年代是迈娅·伊索拉创作的黄金时期，她这个时期的图案具有强烈的平面化风格，线条明晰利落，图案平整，采用大尺寸的重复花纹。在颜色上，她用色大胆，与充满动态的波普艺术十分契合。这一时期，伊索拉的招牌设计包括了夸张波浪造型的“海鸥”和“井”。

【思考与练习】

1. 纺织品图案设计师的工作领域有哪些？
2. 你认为纺织品图案设计师所需具备的最重要的特质是什么？
3. 尝试以一位纺织品设计师的作品为灵感创作一组纹样作品。

第九章　纺织品图案设计作品赏析

课题名称： 纺织品图案设计作品赏析

课题内容： 优秀学生作品赏析与设计实践

课题时间： 4课时

教学目的： 通过讲解优秀学生作品案例，让学生深入且系统地掌握相关设计要点。

教学方式： 理论教学，实践练习。

教学要求： 要求学生能够独立完成不同主题系列的设计任务。

第一节 《瓷归巢》系列设计

《瓷归巢》作品灵感来源于清代瓷器，荣获“第11届未来设计师·全国高校数字艺术设计大赛”江苏赛区一等奖（图9-1～图9-7）。清代瓷器以其独特的造型、绚丽的色彩和精美的纹样而闻名于世，此作品着重展现了“清代瓷器之美”，旨在通过几何图形与陶瓷纹样展现清代瓷器的优雅气质和丰富内涵。画面整体采用几何分割构图，由几何图形与陶瓷纹样穿插组成，呈现出具有层次感的画面。

作品的艺术理念与创新思维主要体现在三个方面：在色彩搭配方面，主色调采用北瓜黄、苍绿和琉璃绿等清代瓷器常见的色彩，以营造复古而华丽的氛围，整体效果力求色彩、图案和线条的和谐统一。在花纹样式方面，作者选用了清代瓷器上常见的缠枝花卉、祥云、祥凤、蝴蝶等传统纹样，这些生动活泼且富有吉祥寓意的纹样为作品增添了独特的文化韵味，折射出古代人民对美好生活的向往。在艺术加工方面，作者将清代瓷器上的纹样元素与现代审美相结合，例如，运用现代的几何抽象手法对传统纹样进行再创作，使其符合现代审美。

图9-1 《瓷归巢》纺织品纹样灵感来源（作者：季莎莎 陆启东）

图9-2　《瓷归巢》纺织品纹样展示1

图9-3　《瓷归巢》纺织品纹样展示2

图9-4 《瓷归巢》纺织品纹样展示3

图9-5 《瓷归巢》纺织品纹样成品展示A版

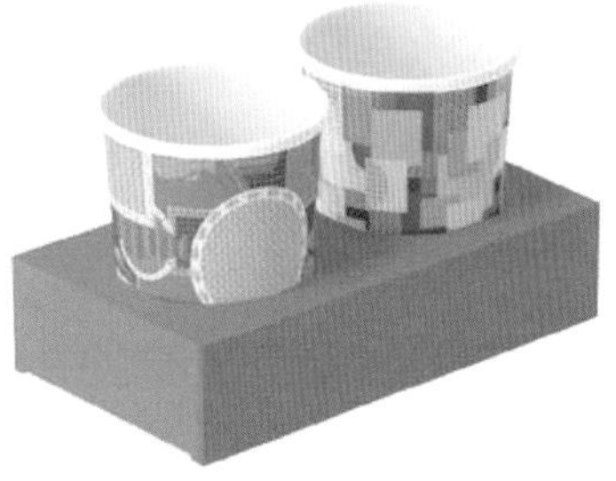

图9-6　《瓷归巢》纺织品纹样成品展示B版

图9-7　《瓷归巢》纺织品纹样成品展示C版

第二节 《像素姑苏》系列设计

《像素姑苏》作品灵感源自古典文化与现代科技的多重碰撞，有苏式建筑、元宇宙、数码世界、马赛克……作者旨在将中国传统文化与现代科技完美融合，为人们带来一种新颖的艺术享受。该作品荣获第二届“繁华姑苏杯文创精英挑战赛”中“丝绸时尚文化设计”赛道金奖（图9-8~图9-11）。

在造型元素方面，作品以苏州园林为设计灵感，汲取了苏州园林的精华，以二维平面的方式用线条勾勒出园林曲径通幽的美景。《像素姑苏》不仅传承了中华文化的精髓，还将现代科技的力量融入其中。作品采用数码像素化的处理方式，使整体设计更具有立体感和层次感。在色彩运用方面，主色调采用了经典的青、绿、蓝三种迷彩色调，并在其中添加红、白等颜色，使整体色调和谐统一。在纹理方面，作品将色彩进行像素化处理，表现出一种独特的数码质感，彰显传统与现代的交融，体现了苏州丝绸纺织文化的独特魅力。

图9-8 《像素姑苏》纺织品纹样灵感来源（作者：邵妮妮）

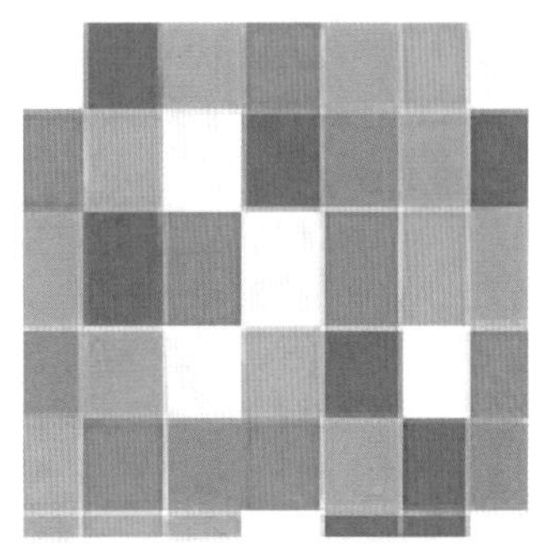

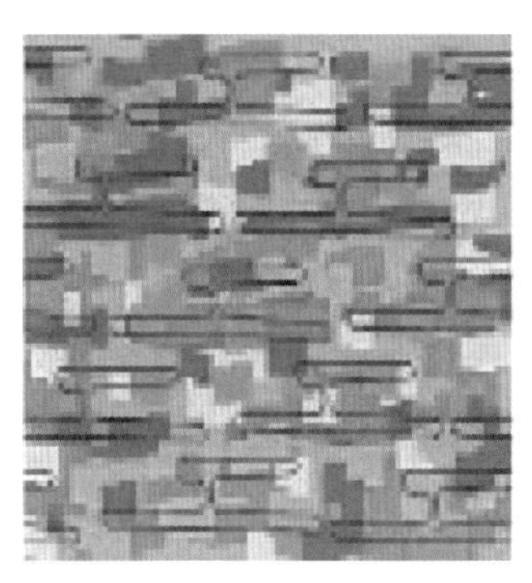

图9-9　《像素姑苏》纺织品纹样展示

图9-10　《像素姑苏》纺织品纹样变色方案

图9-11 《像素姑苏》系列纺织品展示

第三节 《灵隐》系列设计

《灵隐》系列设计灵感来源于西湖龙井茶。西湖龙井茶蕴涵着深厚的文化底蕴和艺术特色，将其具象的枝叶图案融入现代设计中，能够使纺织品的设计更加有地方文化特色和艺术感染力。西湖龙井茶是杭州乃至全国饮茶人的习俗和文化信仰的体现，其有特定的文化含义与极高的艺术价值，而古今文人的生活习俗和文化信仰也能在西湖龙井茶中体现，古典诗词金句之中的赞美，都是茶文化为人们生活带来美好的象征。因此，作者从传统的西湖龙井茶中选择提取植物本身所具有的物理外形的美观直接应用到纺织品设计之中。首先，对于造型的确定需要先明确主题并进行分析，《灵隐》系列纺织艺术品设计的内容核心为年轻——对新时代茶道的继承与发扬的首要参与者是新时代的年轻人，通过注入年轻血液来获得更多的关注与重视。其次是情感与艺术的沉淀，将西湖龙井茶所带来的精神沉淀与传统人文艺术逐步解析与深入，从而将作品呈现出来。该作品荣获“第11届未来设计师·全国高校数字艺术设计大赛”江苏赛区二等奖（图9-12～图9-16）。

在造型元素方面，主题设定为对西湖龙井茶的深入幻想与对人类未来的幻想，通过人们在太空种植的方式凸显出西湖龙井茶的广受欢迎与供不应求。为了使画面内容更为丰富且具有故事性，避免单调提高趣味性，元素上选择加入丰富的小细节使得整体内容更为灵动，如爆破的火药技术、卫星北斗导航与司南引力、包装的纸张与印刷、传统抹茶文化、中华犬文化等。在色彩方面，结合“灵隐”主题纺织品艺术设计的思想与定位，将茶叶本体所具有的绿色作为主要色系。为了使画面更加具有张力，还添加了一些对比色和高饱和色，比如将西湖龙井茶冲泡开后产生的香气抽象化，形成色彩“迷楼”；又如将茶叶含入口中轻轻咀嚼，其浓郁的茶香与清脆的口感带来的抽象化色彩“青楸”等，通过丰富元素的添加和饱满色系的搭配，让图案在产品设计中呈现出美好的江南景致。

图9-12　《灵隐》系列纺织品纹样灵感来源1（作者：许皓博）

图9-13　《灵隐》系列纺织品纹样灵感来源2

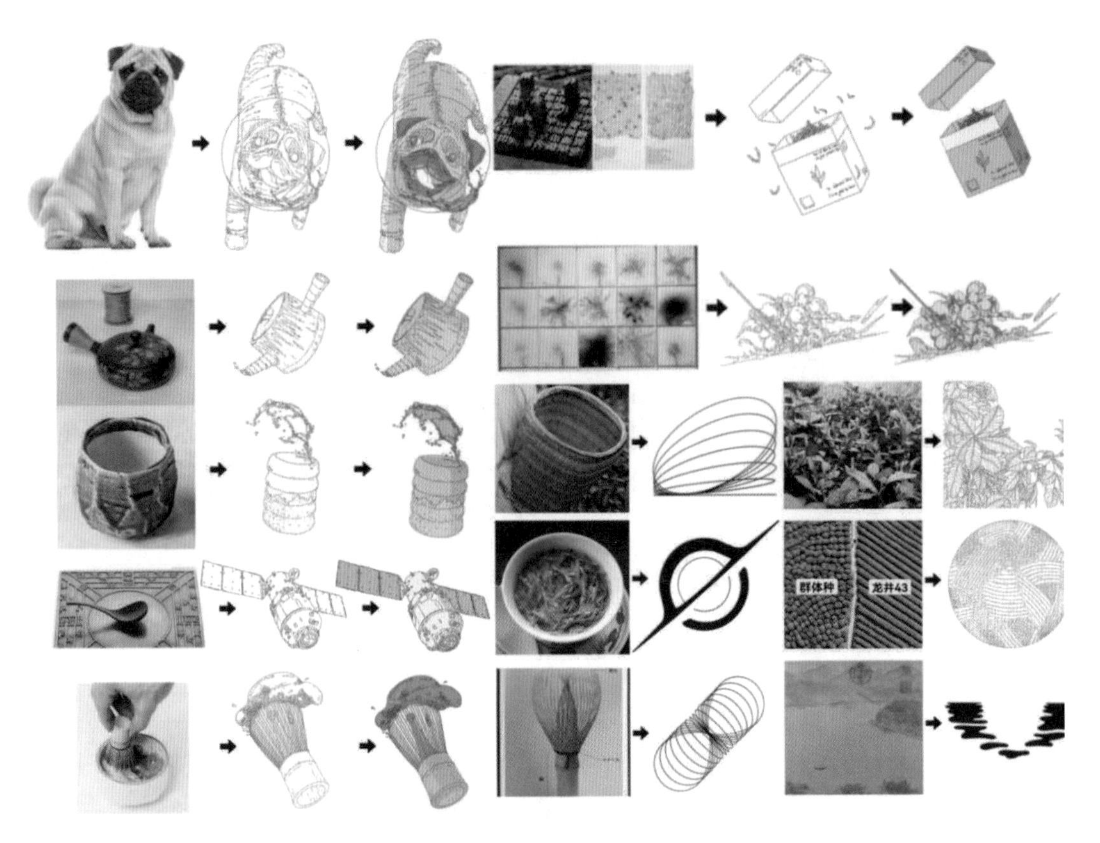

图9-14 《灵隐》系列纺织品纹样素材提取图

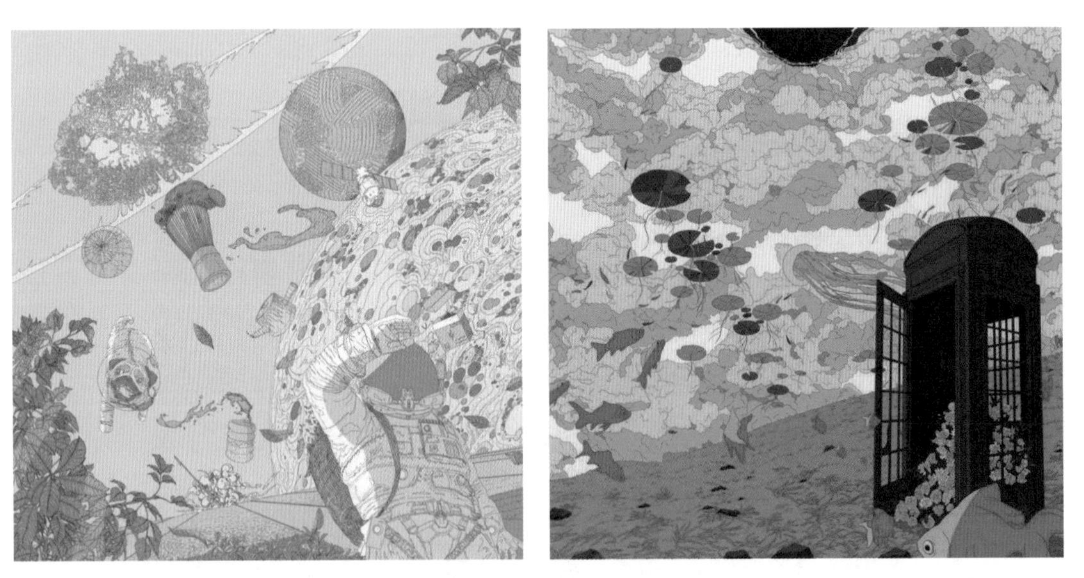

图9-15 《灵隐》系列纺织品纹样

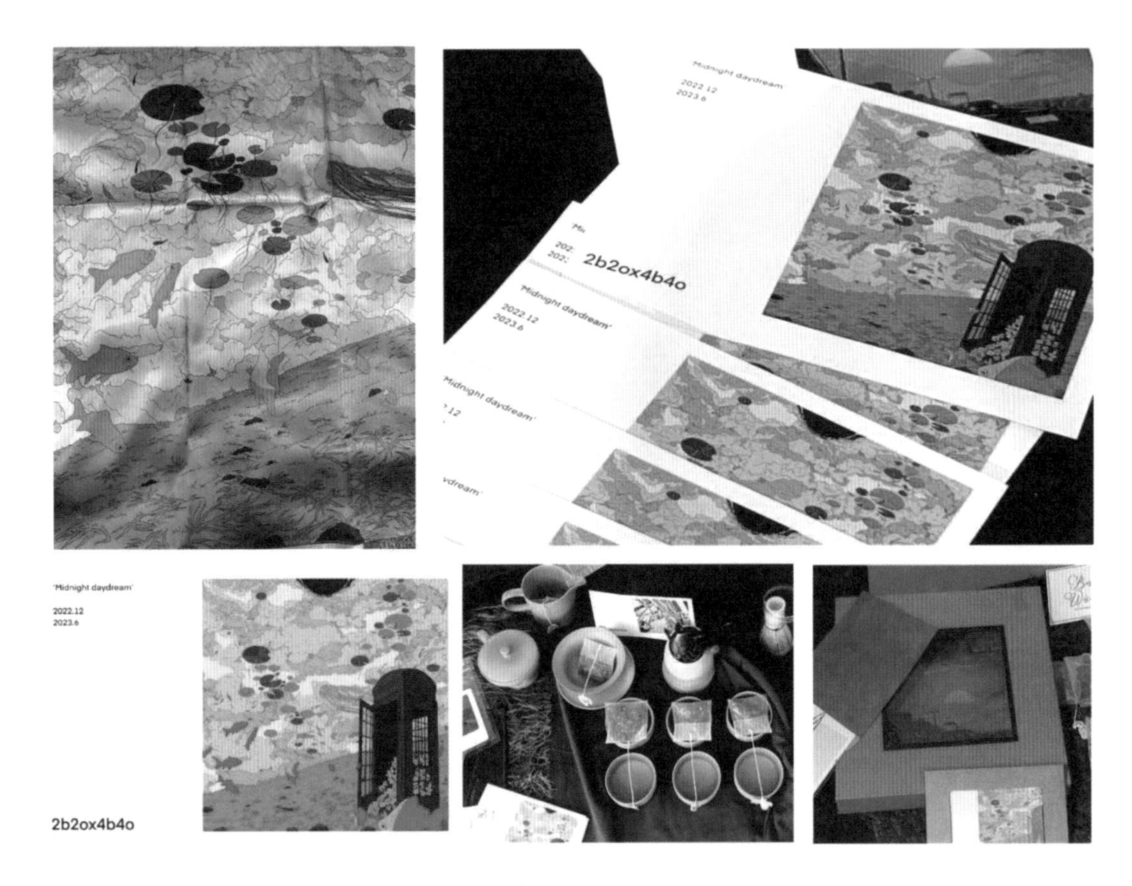

图9-16　《灵隐》系列纺织品及其他成品展示

第四节　《印漫》系列设计

《印漫》系列设计灵感源于动漫《雾山五行》，风格设定上借鉴了张大千的泼墨泼彩山水画，将画风工笔和写意相结合，重彩和水墨融为一体。《印漫》系列作品在配色方面选用蓝色和橙色为主色，两者形成碰撞，使整件作品生动明快。在蓝色与橙色的大基调中又加入了白色、驼色、咖色与青色，让整个色系更和谐，这也与道法自然的理念相契合。在图案方面，从《雾山五行》和张大千水墨画中汲取素材，将两者融合。主花纹的设计来源于动漫中水元素边缘线的纹样效果并结合水墨晕染。

《印漫》系列作品运用数码印花工艺，将纹样印在帆布与丽丝绒材质的面料上，结合亚克力材质和UV喷印技术，旨在为“90后”“00后”泛二次元人群打造具有实用性、审美性且具有动漫情怀的家居空间（图9-17～图9-21）。

图9-17 《印漫》系列家具产品灵感来源（作者：王子帆）

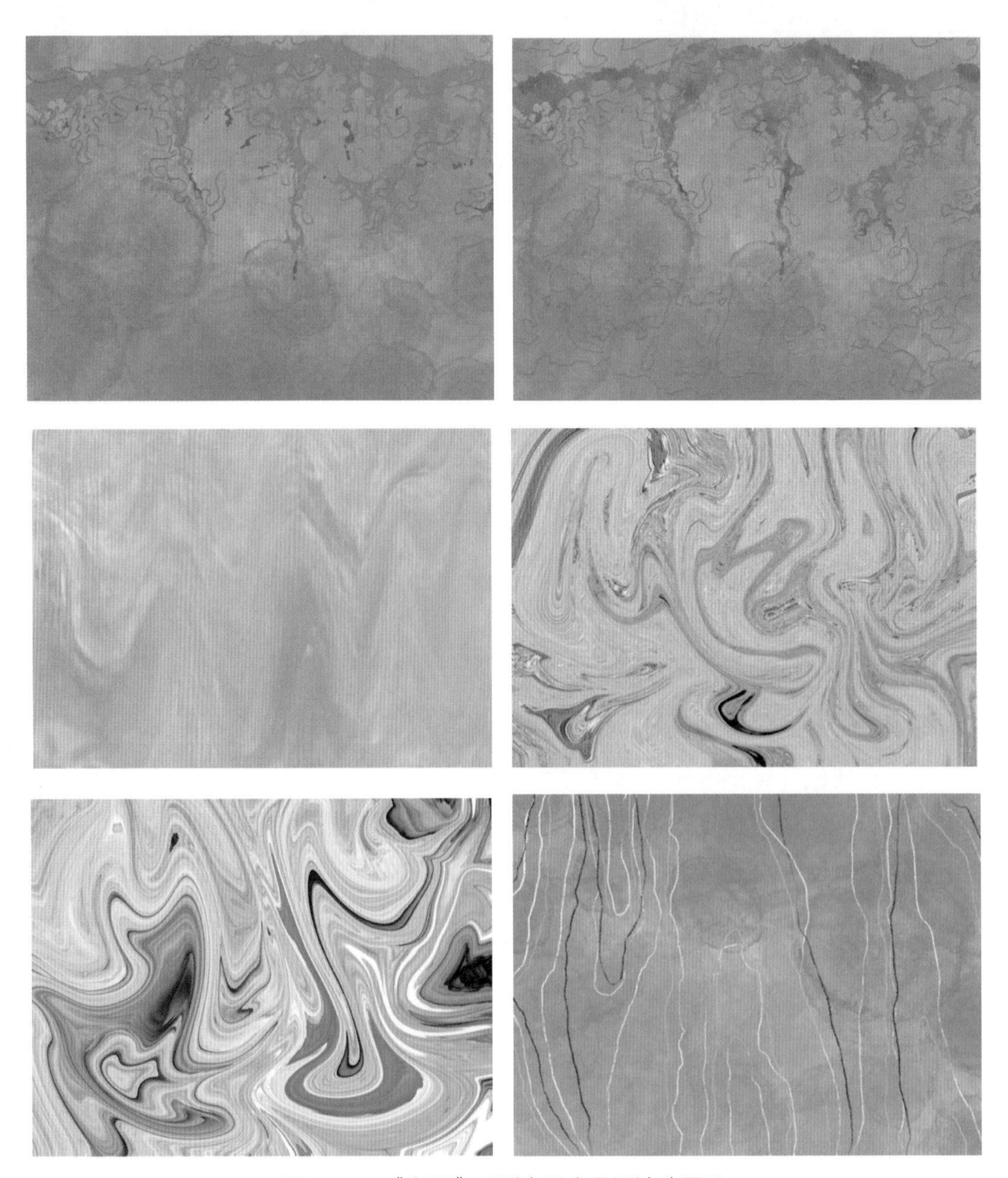

图9-18 《印漫》系列家具产品设计稿展示

图9-19　《印漫》系列家具产品成品展示

图9-20　《印漫》系列家具产品细节展示1

图9-21 《印漫》系列家具产品细节展示2

第五节 《机械·三星堆》系列设计

《机械·三星堆》是一款将传统三星堆文物与机械感相结合的丝巾纹样设计作品，中国古代三星堆文化的丰富内涵和独特的艺术魅力为作者提供了丰富的灵感。关于作品中运用到的三星堆遗址元素，如铜面具、青铜器、玉器和象牙制品等，都是古人智慧的结晶，充满了神秘的艺术气息。该作品荣获第二届“繁华姑苏杯”文创精英挑战赛优秀奖（图9-22~图9-24）。

在元素选取方面，作者将三星堆文物的典型元素进行抽象化和机械化处理，融入丝巾纹样设计中，纹样既保留了三星堆文物的原始魅力，又与现代机械风格相结合，给予人们独特的视觉冲击。在造型设计方面，采用对称且均匀的构图方式，营造出机械美与神秘美碰撞的效果。在色彩选择方面，以代表历史韵味的绛红色与青铜器的青绿色为主色调，力求彰显三星堆文物的历史厚重感。将紫色和黄色作为辅助色彩，其中紫色可以展现出古代青铜器的精密和稳重，黄色则能增添一份科技感和高贵气质。

图9-22 《机械·三星堆》系列丝巾纹样设计灵感来源（作者：胡光宇）

图9-23

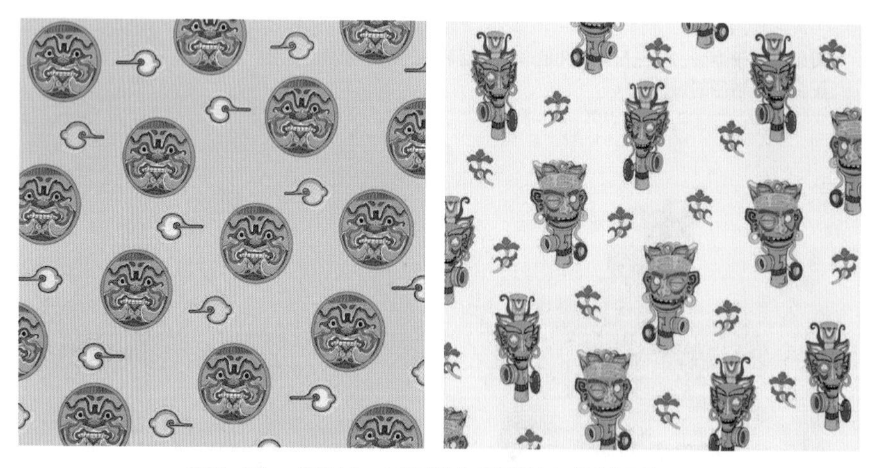

图9-23 《机械 · 三星堆》系列丝巾纹样设计图

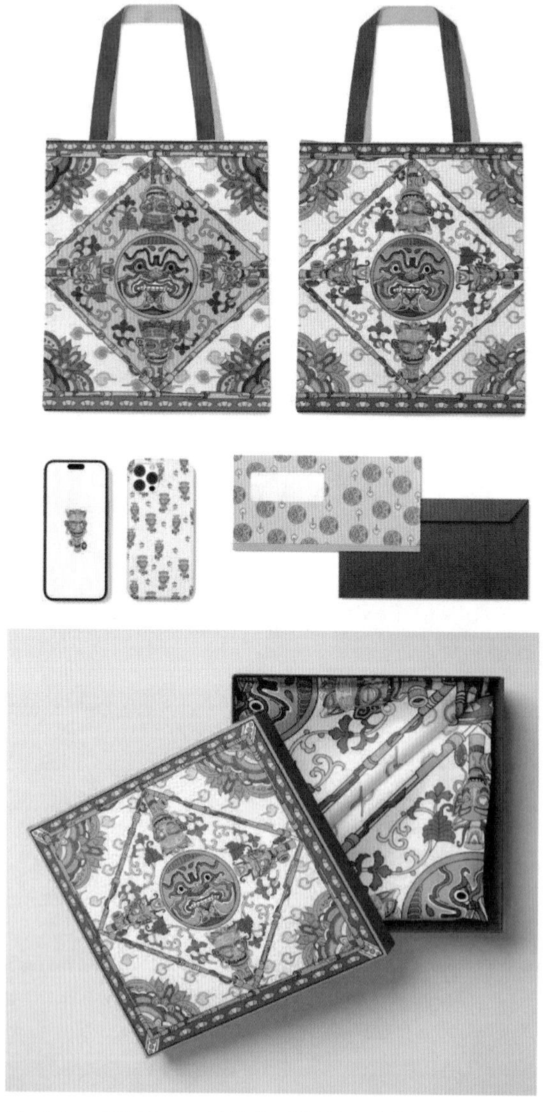

图9-24 《机械 · 三星堆》系列丝巾纹样设计样品展示

第六节 《见·山》系列设计

《见·山》系列设计灵感来源于《千里江山图》。在元素方面，设计的核心在于融合传统元素与现代风格。在这个理念下，作者采用了山川为基本元素，并在山川之中点缀传统元素，如仙鹤、松石等，给山川增添了一份典雅与人文气息。这些传统元素不仅丰富了设计的细节，也提升了整体的艺术价值。在造型方面，线条的运用恰到好处，设计在视觉上有层次感和动态感。在配色方面，整体色彩单纯明净、清新淡雅，在局部点缀橙色和红色等暖色调，使色彩丰富和谐。

总的来说，这个设计体现了传统元素与现代风格的融合，传达出一种宁静、和谐、自然的美感。《见·山》系列设计获“震泽丝绸杯·第七届中国丝绸家用纺织品创意设计大赛”优秀奖（图9-25~图9-28）。

图9-25　《见·山》系列家用纺织品纹样设计灵感来源（作者：唐世星）

图9-26　《见·山》系列家用纺织品纹样设计色彩灵感来源

图9-27 《见·山》系列家用纺织品纹样设计图稿展示

图9-28　《见·山》系列家用纺织品设计成品展示

参考文献

［1］周慧，吴训信，王明星，等. 纺织品图案设计与应用［M］. 北京：化学工业出版社，2016.

［2］温润. 纺织品图案设计学［M］. 北京：中国纺织出版社有限公司，2020.

［3］王福文，牟云生. 家用纺织品图案设计与应用［M］. 北京：中国纺织出版社，2008.

［4］约瑟芬·斯蒂德，弗朗西斯·史蒂文森. 纺织品服装面料印花设计：灵感与创意［M］. 常卫民，译. 北京：中国纺织出版社，2018.

［5］汪芳. 染织图案设计教程［M］. 上海：东华大学出版社，2008.

［6］孙建国. 纺织品图案设计赏析［M］. 北京：化学工业出版社，2013.

［7］汪芳. 家纺图案设计教程［M］. 杭州：浙江人民出版社，2019.

［8］亚历克斯·罗素. 纺织品印花图案设计［M］. 程悦杰，高琪，译. 北京：中国纺织出版社，2015.

［9］黄清穗. 中国经典纹样图鉴［M］. 北京：人民邮电出版社，2022.

［10］威廉·迈尔斯. 生物设计：自然　科学　创造力［M］. 景斯阳，译. 武汉：华中科技大学出版社，2013.

［11］保罗·杰克森. 图案设计学［M］. 杜蕴慧，译. 台北：积木文化，2020.

［12］伊丽莎白·威尔海德. 世界花纹与图案大典［M］. 张心童，译. 北京：中国画报出版社，2021.

［13］迈克尔·勒威克，帕特里克·林克，拉里·利弗. 设计思维手册［M］. 高馨颖，译. 北京：机械工业出版社，2019.

［14］钱小萍. 中国传统工艺全集·丝绸织染［M］. 郑州：大象出版社，2005.